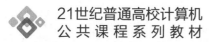
21世纪普通高校计算机
公共课程系列教材

U0187229

大学计算机
应用实践

郭风 宋燕星 编著

清华大学出版社
北京

内 容 简 介

本书既可作为实践教程单独使用,也可作为与《大学计算机》(郭风,宋燕星)教材配套的实践教程,旨在辅助教师实践教学并指导学生更好地完成大学计算机课程的实验,提高上机操作的课堂效率。学生通过学习案例和完成实验,将具备计算机基本应用能力。书中绝大部分实验样例都源自实际问题,并经过整理和组织,能更好地指导实际应用。

全书共 8 章,内容包括计算机基础知识、Windows 11 操作系统、Office 2019 常用办公软件、计算机网络应用基础、计算机信息安全和多媒体制作。以案例为基础,引导学生快速掌握各种软件的基本功能及操作技术。

本书适合作为高等学校各专业计算机基础课程的实验教材,还可供初学者的自学参考。

图书在版编目(CIP)数据

大学计算机应用实践/郭风,宋燕星编著. —北京:清华大学出版社,2023.9
21 世纪普通高校计算机公共课程系列教材
ISBN 978-7-302-64638-9

Ⅰ. ①大… Ⅱ. ①郭… ②宋… Ⅲ. ①电子计算机－高等学校－教材 Ⅳ. ①TP3

中国国家版本馆 CIP 数据核字(2023)第 168808 号

责任编辑:贾　斌
封面设计:刘　键
责任校对:徐俊伟
责任印制:沈　露

出版发行:清华大学出版社
　　　　　网　　　址:http://www.tup.com.cn,http://www.wqbook.com
　　　　　地　　　址:北京清华大学学研大厦 A 座　　　邮　　编:100084
　　　　　社 总 机:010-83470000　　　　　　　　　　邮　　购:010-62786544
　　　　　投稿与读者服务:010-62776969,c-service@tup.tsinghua.edu.cn
　　　　　质量反馈:010-62772015,zhiliang@tup.tsinghua.edu.cn
　　　　　课件下载:http://www.tup.com.cn,010-83470236
印 装 者:北京同文印刷有限责任公司
经　　销:全国新华书店
开　　本:185mm×260mm　　印　张:14.75　　　　字　　数:369 千字
版　　次:2023 年 9 月第 1 版　　　　　　　　　　印　　次:2023 年 9 月第 1 次印刷
印　　数:1~2500
定　　价:45.00 元

产品编号:103435-01

前　言

　　本书是根据教育部高等学校大学计算机基础课程教学指导委员会编制的《大学计算机基础课程教学基本要求》编写而成。根据大学计算机课程涉及面广、知识更新快的特点，本书实验主要基于 Windows 11、Office 2019 和一些当下流行的应用软件设计而成，编写的宗旨是使读者能够快速掌握办公软件应用技术和在网络环境下操作计算机进行信息处理的基本技能。

　　全书共 8 章，主要内容包括计算机基础知识、操作系统、Office 2019 常用办公软件、计算机网络应用基础、计算机信息安全、多媒体制作等。为了让读者能够更好地了解实验过程和对实验有所准备，本书每章的开头都给出了实验环境，进而是多个精心设计的案例，每个案例有明确的实验目的、完整的实验内容、简洁的实验步骤，学生通过案例可以快速掌握各种软件的基本功能及操作技术；同时还以实验任务和思考的形式为每个实验设计了创造性的实验和问题，为读者在完成了验证性实验后提供了一个进一步创造和探索的空间。

　　本书案例丰富，涉及的应用层知识面宽，由浅入深、循序渐进，可以适应多层次教学，以满足不同基础学生的教学需要。在教学中，可以根据实际教学时数和生源质量选择教学内容，对各部分内容的学习采用不同的教学方式，也可以根据学生的兴趣和专业特点安排教学内容。

　　本书以掌握计算机应用的基本技能为目的，取材新颖，面向应用，重视操作能力、综合应用和创造能力的培养，结构合理，内容翔实。适用于非计算机专业计算机公共基础课程的实验教学，也可作为相关课程的培训教材和自学用书。

　　本书第 1 章、第 2 章由郭风编写，第 3 章由秦惠林、郏雨荫编写，第 4 章由刘俊娥编写，第 5 章由韩丽华编写，第 6 章由岳溥麻编写，第 7 章、第 8 章由宋燕星编写。全书由郭风统稿。

　　由于作者水平有限，书中疏漏和不妥之处在所难免，敬请读者提出宝贵意见。

编　者

2023 年 5 月

目　录

第1章 计算机基础知识

实 验 环 境

1. 微机硬件系统。
2. 中文 Windows 11 操作系统。

实验一 微机组成

一、实验目的

1. 熟悉微机的硬件组成及连接方式。
2. 掌握微机的启动方法。

二、案例

1. 观察微机系统的硬件组成

(1) 观察外观,微机系统的硬件包括:主机和外设。其中外设有:显示器、键盘、鼠标、打印机等。

(2) 打开主机箱,观察主板。

(3) 观察 CPU 在主板上的位置、形状和型号。

(4) 观察主板上的内存(RAM)区,识别有几片 RAM 芯片。

(5) 观察主板上的扩展槽及各种接口卡,识别出 I/O 扩展槽、声卡、显卡、网卡等接口卡。

(6) 观察硬盘在主机箱中的位置、硬盘形状和型号,观察光盘驱动器在主机箱中的位置及其组成。

(7) 观察总线的连接方式。

提示:本实验需要打开主机箱,故应在机房管理人员或任课教师的指导下完成。

2. 微机系统的连接

(1) 将主机与显示器连接。

(2) 将主机与键盘、鼠标连接。

(3) 将主机与打印机连接。

(4) 电源线的连接。

提示:连接过程中注意一些相关接口(如 USB 接口),以便移动硬盘、无线设备等其他外设的连接。计算机配件的许多接口都有防插反的设计,一般不会插反,如果安装位置不到位或过分用力,会导致配件折断或变形。

三、实验任务

1. 组装微机主机。
2. 连接打印机。
3. 连接耳机和音响。
4. 连接网线。

提示:微机常规的安装顺序为:主板→CPU→散热器→内存→电源→显卡→声卡→网卡→硬盘→光驱→数据线→键盘→鼠标→显示器。

四、思考题

1. 微机组装前有哪些准备工作?
2. 如何连接投影仪?

实验二　键盘的使用

一、实验目的

1. 熟悉键盘布局。
2. 掌握不同字符的输入及组合键的使用。

二、案例

1. 观察键盘布局,掌握不同区域分布的不同字符

键盘布局如图 1-1 所示。

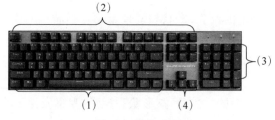

图 1-1　键盘布局

(1) 主键盘区:位于键盘左侧大部分区域,上面分布着字母键、数字键、符号键和一些组合控制键。

(2) 功能区:位于键盘区上面,由 F1~F12 和 Esc 键等组成。

(3) 数字小键盘区:位于键盘右侧,主要分布数字与控制功能组合的双符键。

(4) 控制区:位于主键盘区与小键盘区之间的起控制功能的按键。

2. 键盘输入练习

(1) 双符键的输入:双符键上面的字符称为上档键,下面的字符称为下档键。下档键直接输入即可,上档键输入时先按下 Shift(换档键)不放,再输入上档键即可。

（2）大小写字母的输入：在 CapsLock 指示灯不亮时，输入的字母为小写字母，在 CapsLock 指示灯亮时，输入的字母为大写字母；或在 CapsLock 指示灯不亮时，按下 Shift 键输入的字母也为大写字母。

（3）两个键组成的组合键：先按下第一个键不放，再按下第二个键，然后同时放手。如：Shift＋C、Ctrl＋S 等。

（4）三个键组成的组合键：先按下前两个键不放，再按下第三个键，然后同时放手。如：Ctrl＋Alt＋Delete。

三、实验任务

1. 选择"开始"→"所有程序"→"记事本"命令，打开"记事本"应用程序，在其中输入以下三行字符，主要练习上档键、大小写转换键和数字小键盘区的使用。

jsjjc8088@sina.com

Microsoft Word

3.1415926

2. 选中第一行，用组合键 Ctrl＋C 复制第一行，用组合键 Ctrl＋V 粘贴使其成为第四行。用同样的方法将第二行和第三行分别复制粘贴成第五行和第六行。

3. 用组合键 Ctrl＋S 打开"另存为"对话框，将该文件保存到 D 盘，文件名为"键盘输入练习.txt"。

4. 用组合键 Ctrl＋Alt＋Delete 启动任务管理器，结束"写字板"应用程序。

四、思考题

1. Print Screen 键有何作用？
2. 数字小键盘区如何进行数字和控制功能的转换？
3. 复制屏幕用哪个键？复制当前窗口用哪个组合键？

实验三　字符输入训练

一、实验目的

1. 掌握正确的指法输入方式。
2. 提高字符输入速度。

二、案例

1. 英文字符输入训练

（1）选择"开始"→"所有程序"→"记事本"命令，打开"记事本"应用程序。

（2）输入以下字母，并保存到 D 盘，文件名为"英文输入练习.txt"。

GFDSABVCXZNMHJKLTREWQUIOP

Yuioptrewqhjklgfdsabvcxznm

（3）输入以下英文文章，并保存到 D 盘，文件名为"英文输入练习.txt"。

Why use Windows Update?

计算机基础知识

Windows Update is an alternative to picking and choosing the updates you need for your particular computer and software from the large library of all available. Because the service can identify the correct updates for your particular hardware and software, Windows Update makes it easier to make sure your computer has all the latest operating system improvements. You can use the Windows Update website to review, select, and install all the latest, improvements, security updates, enhancements, and hardware drivers for your computer, whenever you like.

In addition, we recommend that you use the Automatic Update feature, which will help make sure that the most critical updates are delivered to you and installed as they become available, helping to ensure that your computer stays up to date and secure.

2. 汉字输入训练

(1) 选择"开始"→"所有程序"→"记事本"命令，打开"记事本"应用程序。

(2) 单击任务栏指示器中的输入法按钮，选择一种自己熟悉的汉字输入法。

提示：在输入过程中经常会遇到输入法的切换或中英文的切换问题，一般使用组合键可以实现快速切换。其中：Ctrl＋Shift 可以实现各种输入法的切换；Ctrl＋Space 可以实现中英文切换。一般先用 Ctrl＋Shift 切换到自己熟悉的输入法，再通过 Ctrl＋Space 在选取的汉字输入法和英文输入法之间切换。因不同的计算机设置的不同，输入法的切换键可能略有不同。

(3) 输入以下短文，并保存到 D 盘，文件名为"汉字输入练习.txt"。

矢量字体(Vector font)中每一个字形都是通过数学曲线来描述的，它包含了字形边界上的关键点、连线的导数信息等，字体的渲染引擎通过读取这些数学矢量，然后进行一定的数学运算来进行渲染。这类字体的优点是字体实际尺寸可以任意缩放而不变形、不变色。目前主流的矢量字体格式有 3 种：Type1、TrueType 和 Open Type，这三种格式都是与平台无关的。

Type1 是 1985 年由 Adobe 公司提出的一套矢量字体标准，由于这个标准是基于 PDL，而 PDL 又是高端打印机首选的打印描述语言，所以 Type1 迅速流行起来。但是 Type1 是非开放字体，Adobe 对使用 Type1 的公司征收高额的使用费。

TrueType 是 1991 年由 Apple 公司与 Microsoft 公司联合提出的另一套矢量字标准。

OpenType 则是 Type1 与 TrueType 之争的最终产物。其是 1995 年开始由 Adobe 公司和 Microsoft 公司联手开发的一种兼容 Type1 和 TrueType，并且真正支持 Unicode 的字体。OpenType 可以嵌入 Type1 和 TrueType，这样就兼有了二者的特点，无论是在屏幕上查看还是打印，质量都非常优秀。可以说 OpenType 是一个三赢的结局，无论是 Adobe、Microsoft 还是最终用户，都从 OpenType 中得到了好处。Windows 家族从 Windows 2000 开始，正式支持 OpenType。

提示：达到一定的输入速度是对每个大学生的必要要求，输入速度至少应在每分钟 30 字以上。

三、实验任务

1. 在记事本中输入一段英文，内容自定。

2. 在记事本中输入一段中文,内容自定。

提示:自己记录一下时间,计算一下输入速度。将以上内容保存为文件名"中英文练习.txt"。

四、思考题

1. 如何才是正确的指法输入方式?
2. 如何实现各种输入法的切换?
3. 如何实现中英文输入法的快速切换?
4. 有些输入法提供混拼编码、简拼编码,以提高输入速度,看看哪些输入法具有这样的功能? 进而选择一种适合自己的输入法。

实验四　特殊字符和生僻字的输入

一、实验目的

1. 了解特殊字符的输入方式。
2. 了解生僻汉字的输入方式。

二、案例

使用字符映射表可以查看所选字体中可用的字符,可以将单个字符或字符组复制到剪贴板中,然后将其粘贴到可以显示它们的任何程序中。

1. 使用字符映射表输入特殊字符

使用字符映射表在记事本中输入隶书中的如图 1-2 所示的大写和小写罗马数字。

图 1-2　隶书体罗马数字

(1) 选择"开始"→"所有程序"→"记事本"命令,打开"记事本"应用程序。

(2) 选择"开始"→"所有程序"→"Windows 工具"→"字符映射表"命令,打开"字符映射表"应用程序,如图 1-3 所示。

(3) 在"字体"下拉列表框中选择"隶书"选项;移动字符列表框右侧的滚动条,找到大写和小写罗马数字。

(4) 单击"Ⅰ",然后单击"选择"按钮,"Ⅰ"便出现在"复制字符"文本框中;用相同的方法,将其后的各个大写罗马数字都选择到"复制字符"文本框中,如图 1-4 所示。

(5) 单击"复制"按钮,将"Ⅰ Ⅱ Ⅲ Ⅳ Ⅴ Ⅵ Ⅶ Ⅷ Ⅸ Ⅹ Ⅺ Ⅻ"复制;回到记事本窗口,并在文档中要显示特殊字符的位置单击,然后选择"编辑"→"粘贴"命令,将"Ⅰ Ⅱ Ⅲ Ⅳ Ⅴ

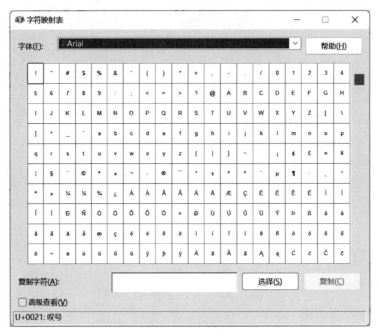

图 1-3　字符映射表

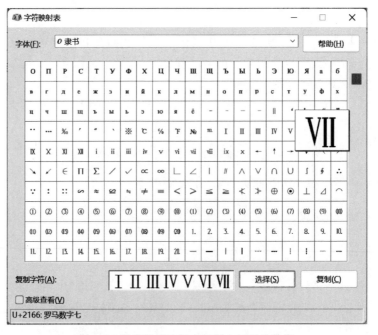

图 1-4　使用字符映射表复制大写罗马数字

Ⅵ Ⅶ Ⅷ Ⅸ Ⅹ Ⅺ Ⅻ"复制到了记事本中。

　　(6) 选择小写罗马数字,重复(4)和(5)步骤,可将小写罗马数字"ⅰ ⅱ ⅲ ⅳ ⅴ ⅵ ⅶ ⅷ ⅸ ⅹ"复制到了记事本中,保存该文件为"罗马数字.txt",如图 1-2 所示。

　　提示:可以使用字符映射表将特殊字符插入文档中,特殊字符是键盘上找不到的字符,这些字符包括高级数学运算符、科学记数法、商标符号、货币符号以及其他语言中的字符。

2. 使用字符映射表输入生僻汉字

使用字符映射表在记事本中输入宋体中的如图 1-5 所示的生僻汉字。

图 1-5　宋体生僻汉字

（1）选择"开始"→"所有程序"→"记事本"命令，打开"记事本"应用程序。

（2）选择"开始"→"所有程序"→"Windows 工具"→"字符映射表"命令，打开"字符映射表"应用程序，如图 1-3 所示。

（3）在"字体"下拉列表框中选择"宋体"选项；选中"高级查看"复选框，在"分组依据"下拉列表框中选择"按偏旁部首分类的表意文字"选项。

（4）在打开的如图 1-6 所示的"分组"对话框中选择"足"选项，在字符映射表的 7 栏中找到汉字"踁"并单击，然后单击"选择"按钮，"踁"便出现在"复制字符"文本框中，如图 1-7 所示。

图 1-6　"分组"对话框

（5）单击"复制"按钮，将"踁"复制；回到记事本窗口，并在文档中要显示特殊汉字的位置单击，然后选择"编辑"→"粘贴"命令，将"踁"复制到记事本中。

（6）重复（4）和（5）步骤，根据部首和笔画选择其余的汉字，将其余生僻汉字复制到记事本中，保存该文件为"生僻字.txt"，如图 1-5 所示。

提示：本例中通过"按偏旁部首分类的表意文字"分组，适合输入不认识的生僻汉字，类似于在字典中的按偏旁部首查找汉字。

三、实验任务

1. 通过字符映射表在记事本中输入宋体字符"Ψ ζ δ Щ € ſ"。
2. 通过字符映射表在记事本中输入隶书汉字"峉㤬牖抒汜稉"。

提示：将以上内容保存为文件名"字符和汉字.txt"。

计算机基础知识

图 1-7　输入生僻汉字"踁"

四、思考题

1. 不认识又不知道读音的汉字如何输入？
2. 如何使用字符映射表中"分组依据"中的"按拼音分类的简体中文"来输入汉字？

第2章 操作系统

实 验 环 境

中文 Windows 11 操作系统。

实验一　Windows 11 的启动和退出

一、实验目的

1. 正确启动和退出 Windows 11。
2. 掌握鼠标操作。
3. 熟悉 Windows 11 的窗口。
4. 掌握帮助方法。

二、案例

1. 启动 Windows 11

（1）直接开机。

（2）在 Windows 11 启动对话框中输入正确的用户名和口令，然后按 Enter 键或者单击文本框右侧的按钮，即可开始加载个人设置，进入如图 2-1 所示的 Windows 11 系统桌面。

图 2-1　Windows 11 系统桌面

（3）熟悉 Windows 窗口组成。

2. 退出 Windows 11

单击"开始"按钮![img]，在弹出的"开始"菜单中单击 ⏻ 按钮，系统会弹出如图 2-2 所示的关机选项菜单，选择"关机"，则退出系统。

3. 通过 Windows 11 的桌面练习鼠标操作

（1）单击选择或打开一个对象：选择"计算机"，则"计算机"被选中，呈深色。

（2）右击，弹出针对该对象的快捷菜单：右击"计算机"，则弹出如图 2-3 所示的快捷菜单。

图 2-2 关机选项菜单　　　　　　图 2-3 "计算机"的快捷菜单

（3）双击鼠标打开一个对象：双击"计算机"，则打开如图 2-4 所示的"计算机"窗口。

图 2-4 "计算机"窗口

（4）按住鼠标左键拖曳选取对象可移动该对象：拖曳"计算机"，改变其在桌面上的位置。

4. 改变窗口大小和位置

（1）打开"计算机"窗口。

（2）最小化窗口：单击窗口右上方的"最小化"按钮。

（3）最大化窗口：单击窗口右上方的"最大化"按钮。

（4）还原窗口：单击窗口右上方的"还原"按钮。

（5）拖动方式任意改变窗口大小：将鼠标指针移动到窗口的四个边或四个角上，此时鼠标指针将变成或水平或垂直或倾斜45°角的双向箭头，按下鼠标左键拖动，将任意改变窗口大小。

（6）将鼠标指针指向标题栏，按下鼠标左键拖动鼠标，可以改变窗口位置。

5. 练习帮助的使用

（1）单击 Windows 11 窗口中的"开始"按钮。

（2）在显示的"开始"菜单中单击"设置"按钮 ⚙ 。在"设置"窗口的左侧窗格中选择最下面的"Windows 更新"设置，在右侧窗格最下面选择如图 2-5 所示的"获取帮助"选项，打开如图 2-6 所示的"获取帮助"窗口。

图 2-5　"设置"窗口

（3）在图 2-6 的文本框中输入要帮助的内容，如打印机设置，然后按 Enter 键，则显示如图 2-7 所示的关于打印机设置的内容。

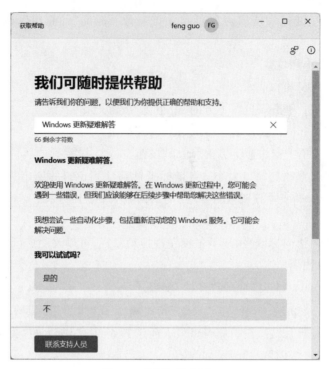

图 2-6　"获取帮助"窗口

图 2-7　搜索"打印机设置"的结果

三、实验任务

1. 任务栏操作：任务栏对齐方式、自动隐藏任务栏、显示或隐藏显示在任务栏上的按钮以及如何设置选择任务栏的远角以显示桌面。

2. 用帮助的方式查找关于"图标"的相关信息。

提示：可以在完成了实验内容 2 后，根据获得的帮助信息来完成实验内容 3～5。

3. 显示或隐藏桌面上的全部图标。

4. 在桌面上根据需要显示或隐藏常用图标，如：显示或隐藏"计算机""网络""控制面板"图标。

5. 更改桌面图标的样式。

6. 设置在"开始"菜单的"已固定"区域侧显示或取消"计算器"。

四、思考题

1. 如何通过帮助获取关于任务栏设置的内容？

2. 如何自动排列桌面上的图标？

3. 如何设置显示或隐藏显示在任务栏上的按钮？

实验二　Windows 11 应用程序的管理

一、实验目的

1. 熟悉启动、退出应用程序。

2. 掌握使用任务管理器结束任务。

3. 掌握 Windows 11 应用程序的安装和使用。

4. 掌握创建应用程序的快捷方式。

二、案例

1. 启动应用程序

（1）运行 DOS 程序方式：选择"开始"→"所有程序"→"Windows 系统"→"命令提示符"命令，打开"命令提示符"窗口。在该窗口中输入 DOS 程序的文件名，如 compmgmt. msc，如图 2-8 所示，按 Enter 键后则运行计算机管理程序，打开如图 2-9 所示的"计算机管理"窗口。

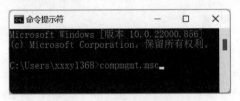

图 2-8　"命令提示符"窗口

（2）启动程序菜单方式：选择"开始"→"所有程序"命令，选择要启动的程序名，如选择"开始"→"所有程序"→"Word"命令，则打开 Word 应用程序窗口。

（3）文档驱动方式：双击某应用程序生成的文档，如某个 Word 文件，则为打开该文件而驱使 Word 应用程序被打开。

2. 退出或关闭应用程序

例如，打开一个空白的 Word 应用程序窗口，则关闭该窗口的方法如下。

（1）方法一：单击窗口右上角的"关闭"按钮。

图 2-9 "计算机管理"窗口

（2）方法二：选择"文件"→"关闭"命令。

（3）方法三：双击标题栏左侧的"窗口控制菜单"按钮。

（4）方法四：单击标题栏左侧的"窗口控制菜单"按钮，在打开的下拉列表中选择"关闭"选项。

（5）方法五：按组合键 Alt＋F4。

3．Windows 任务管理器的使用

（1）打开任务管理器：按下组合键 Ctrl＋Shift＋Esc（或 Ctrl＋Alt＋Delete），打开"任务管理器"窗口，如图 2-10 所示。

图 2-10 "任务管理器"窗口

（2）结束任务：在"进程"选项卡显示窗口中，选择要结束任务的应用程序，如"Word"，在其上右击，在弹出的快捷菜单中选择"结束任务"（或选择窗口右下角的"结束任务"按钮），可关闭该应用程序。

（3）程序切换：图2-10中每个应用前面都有一个指向右侧的箭头，单击该箭头则箭头向下方向，并展开。这时选择该应用的具体程序，如图2-11所示的"Windows工具"，在其上右击，在弹出的快捷菜单中选择"切换到"命令，可以实现应用程序间的切换。

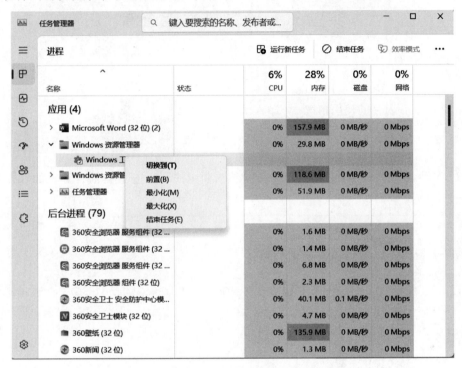

图 2-11　"任务管理器"窗口的切换

（4）结束进程：在图 2-10 中选择"后台进程"中的某个活动进程，在其上右击，在弹出的快捷菜单中选择"结束任务"命令，可结束该应用进程。

（5）查看性能：选择"性能"选项卡，用户可以查看 CPU 及内存的使用状况。

4. 在桌面上为"计算器"应用程序创建快捷方式

（1）打开 C 盘"Windows"文件夹中的"System32"文件夹。

（2）选中该文件夹中的"calc.exe"文件，在其上右击。

（3）在弹出的快捷菜单中选择"显示更多选项"→"发送到"中的"桌面快捷方式"即可。

三、实验任务

1. 运行"画图"程序。

2. 在桌面上创建 Excel 应用程序的快捷方式。

3. 用多种方法实现多个打开的应用程序间的切换。

4. 完成一款应用程序的安装和卸载。

四、思考题

1. 从应用程序所在的文件夹将其删除,这种方法可以彻底删除应用程序吗?

2. 从 Internet 下载安装程序,要确保该程序的发布者以及提供该程序的网站是值得信任的,这一点有何重要性?

实验三　计算机性能查看

一、实验目的

1. 掌握查看 CPU 的使用情况。
2. 掌握查看内存的使用情况。

二、案例

(1) 启动 Windows 任务管理器,在"性能"选项卡中可以查看当前计算机的性能参数,如图 2-12 所示。

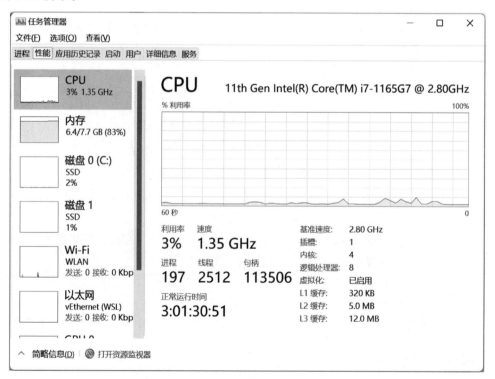

图 2-12　任务管理器的"性能"界面

(2) Windows 任务管理器提供了有关计算机性能的信息,并显示了计算机上所运行的程序和进程的详细信息。在图 2-12 中,左侧窗格显示 CPU、内存、磁盘等的使用情况;右侧窗格上半部分以图的形式动态显示 CPU 的使用情况,并可以看出当前 CPU 型号为 Intel(R) Core(TM) i7-1165G7,下半部分给出了详细的利用率、速度、进程数、线程数等。

（3）若想了解更加详细的 CPU 使用情况，则单击"打开资源监视器"，在打开的"资源监视器"窗口中选择"CPU"选项卡，如图 2-13 所示。在该图中可以看到正在运行的进程，以及它们的 CPU 使用率、线程个数等。例如，在图 2-13 中的"关联的句柄"处输入"word"，可以查看 Word 进程的 CPU 资源占用、线程个数、关联的文件句柄等。

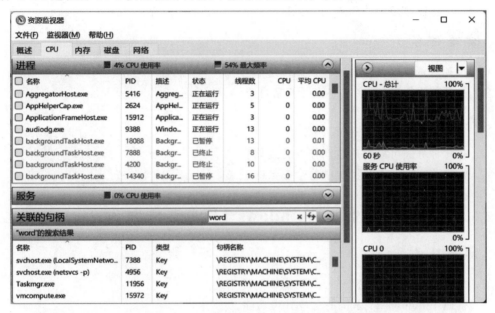

图 2-13　"资源监视器"窗口的"CPU"界面

（4）选择"内存"选项卡，如图 2-14 所示，显示了目前计算机内存的使用情况。

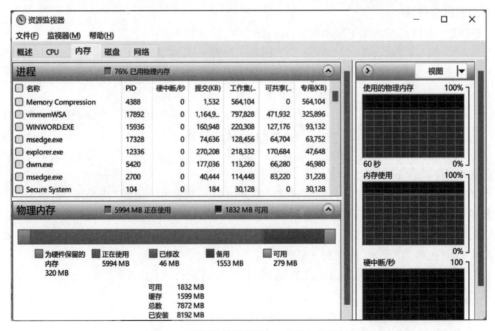

图 2-14　"资源监视器"窗口的"内存"界面

操作系统

在图 2-14 中：

"可用 1832MB"为"备用 1553MB"与"可用 279MB"之和；

"缓存 1599MB"为"备用 1553MB"与"已修改 46MB"之和；

"总数 7872MB"为"可用 1832MB"、"已修改 46MB"与"正在使用 5994MB"之和；

"已安装 8192MB"为"总数 7872MB"与"为硬件保留的内存 320MB"之和。

三、实验任务

1. 打开若干程序，观察 CPU 使用情况的变化。

2. 打开若干程序，观察内存使用情况的变化。

四、思考题

1. 有几种方式可以快速启动任务管理器？

2. 资源监视器的系统概况中每个参数的意义是什么？

实验四　Windows 11 的文件管理

一、实验目的

1. 掌握"计算机"和"资源管理器"窗口的使用。

2. 掌握 Windows 11 系统的文件管理功能。

二、案例

1. 创建文件夹

在 D 盘(或自己的优盘)下建立如图 2-15 所示的文件夹结构。

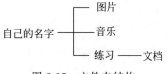

图 2-15　文件夹结构

提示：操作时文件夹"自己的名字"应改为自己真实的名字，如"张三"，并将以后需要或创建的文件都存放在该文件夹中，方便查找和管理。

(1) 双击桌面上的"计算机"图标，在打开的"计算机"窗口中双击 D 盘(或优盘)。

(2) 单击窗口工具栏中"新建"按钮下的"文件夹"命令，新建一个文件夹并将其命名为"自己的名字"，按 Enter 键。

(3) 打开"自己的名字"命名的文件夹，单击窗口工具栏中"新建"按钮下的"文件夹"命令，新建一个文件夹并将其命名为"图片"，按 Enter 键。

(4) 利用(3)中的方法(或者在空白处右击，在弹出的快捷菜单中选择"新建"→"文件夹"命令)，创建名为"音乐"的文件夹。

(5) 利用上述方法实现其他文件夹的创建，注意各文件夹之间的隶属关系。

2. 创建文件

在"练习"文件夹下创建一个名为"ABC. TXT"的文本文件。

(1) 打开"练习"文件夹。

(2) 选择"新建"→"文本文档"命令，创建一名为"新建文本文档"的文本文件(或者可以通过快捷菜单来创建)。

（3）在该文件上右击，在弹出的快捷菜单中选择"重命名"命令，将该文件名修改为"ABC. TXT"即可。

3. 移动文件

将第 1 章实验二和实验三中所创建的文件"键盘输入练习. txt"、"英文输入练习. txt"和"汉字输入练习. txt"移动到文件夹"文档"中。

（1）利用工具栏操作：选中文件"键盘输入练习. txt"，单击工具栏中的"剪切"按钮，然后再打开文件夹"文档"，单击工具栏中的"粘贴"按钮即可。

（2）利用快捷菜单操作：选中文件"键盘输入练习. txt"，在该文件上右击，在弹出的快捷菜单中选择"剪切"命令，然后再打开文件夹"文档"，在该文件夹中右击，在弹出的快捷菜单中选择"粘贴"命令即可。

（3）利用快捷键操作：选中文件"键盘输入练习. txt"，按下组合键 Ctrl＋X，然后再打开文件夹"文档"，按下组合键 Ctrl＋V 即可。

提示：以上三种方法可归纳为"剪切"和"粘贴"的配合使用完成移动操作。

（4）利用鼠标左键操作：将文件"键盘输入练习. txt"所在文件夹和"文档"文件夹同时打开，选中文件"键盘输入练习. txt"，按住鼠标左键（或同时按住键盘上的 Shift 键），拖动该文件到文件夹"文档"中即可。

（5）利用鼠标右键操作：将文件"键盘输入练习. txt"所在文件夹和"文档"文件夹同时打开，选中文件"键盘输入练习. txt"，按住鼠标右键拖动该文件到文件夹"文档"中，放开右键，在弹出的快捷菜单中选择"移动到当前位置"命令即可。

提示：以上两种方法可归纳为鼠标拖动方式完成移动操作。以上五种方法均可实现文件或文件夹的移动操作，用户可根据自己的习惯选择。

（6）选择以上任意一种方法，将文件"英文输入练习. txt"和"汉字输入练习. txt"移动到"文档"文件夹中。

4. 复制文件

将第 1 章实验四中所创建的文件"罗马数字. txt"和"生僻字. txt"复制到文件夹"文档"中。

（1）利用工具栏操作：选中文件"罗马数字. txt"，单击工具栏中的"复制"按钮，然后再打开文件夹"文档"，单击工具栏中的"粘贴"按钮即可。

（2）利用快捷菜单操作：选中文件"罗马数字. txt"，在该文件上右击，在弹出的快捷菜单中选择"复制"命令，然后再打开文件夹"文档"，在该文件夹中右击，在弹出的快捷菜单中选择"粘贴"命令即可。

（3）利用快捷键操作：选中文件"罗马数字. txt"，按下组合键 Ctrl＋C，然后再打开文件夹"文档"，按下组合键 Ctrl＋V 即可。

提示：以上三种方法可归纳为"复制"和"粘贴"的配合使用完成复制操作。

（4）利用鼠标左键操作：将文件"罗马数字. txt"所在文件夹和"文档"文件夹同时打开，选中文件"罗马数字. txt"，按住鼠标左键的同时按住键盘上的 Ctrl 键，拖动该文件到文件夹"文档"中即可。

（5）利用鼠标右键操作：将文件"罗马数字. txt"所在文件夹和"文档"文件夹同时打开，选中文件"罗马数字. txt"，按住鼠标右键拖动该文件到文件夹"文档"中，放开右键，在弹出的快捷菜单中选择"复制到当前位置"命令即可。

　　提示：以上两种方法可归纳为鼠标拖动方式完成复制操作，且以上五种方法均可实现文件或文件夹的复制操作，用户可根据自己的习惯选择。

　　（6）选择以上任意一种方法，将文件"生僻字.txt"复制到"文档"文件夹中。

5. 删除文件

　　将文件夹"练习"中的文件"ABC.TXT"删除。

　　（1）利用工具栏操作：选取要删除的文件"ABC.TXT"，单击工具栏中的"删除"按钮，在打开的如图 2-16 所示的"删除文件"对话框中单击"是"按钮即可。

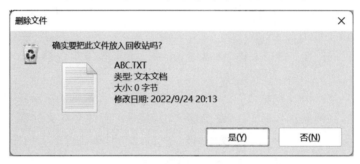

图 2-16　"删除文件"对话框

　　（2）利用快捷菜单操作：选取要删除的文件"ABC.TXT"，在该文件上右击，在弹出的快捷菜单中选择"删除"命令，在打开的"删除文件"对话框中单击"是"按钮即可。

　　（3）直接拖入"回收站"：选取要删除的文件"ABC.TXT"，在回收站图标可见的情况下，按住鼠标左键拖动该文件到"回收站"中即可。

　　（4）利用键盘操作：选取要删除的文件"ABC.TXT"，按下键盘上的 Delete 键，在打开的"删除文件"对话框中单击"是"按钮即可。

　　（5）彻底删除文件：选取要删除的文件"ABC.TXT"，按下键盘组合键 Shift＋Delete，打开如图 2-17 所示的提示对话框。单击"是"按钮，即可将所选文件彻底删除。

图 2-17　彻底删除信息提示对话框

　　提示：该方法删除的文件没有放入回收站中，不能还原，故用此方法删除需慎重。删除文件夹的操作与删除文件的操作方法相同，可以自己练习。

6. "回收站"的使用

　　将从文件夹"练习"中删除的文件"ABC.TXT"还原。

　　（1）打开"回收站"，选中被删除的文件"ABC.TXT"。

（2）在其上右击,在弹出的快捷菜单中选择"还原"命令,则被删除的文件"ABC.TXT"就会被还原到文件夹"练习"中。

提示：被还原的文件"哪来哪去",即从哪被删除的就还原到哪去。还需要注意的是"回收站"中的对象若被从"回收站"中"删除",或者"回收站"被"清空",则属于彻底删除,就无法再还原了。

7. 查找文件

在 C 盘的"Program Files"文件夹中查找以字母"a"开头的所有文件,要求该类文件大小在 1~128MB,且是今年以来修改过的文件。

（1）打开 C 盘的"Program Files"文件夹窗口,在其窗口顶部的"搜索"文本框中输入"a*.*",则开始搜索,搜索结果如图 2-18 所示,搜索结果为 1022 个。

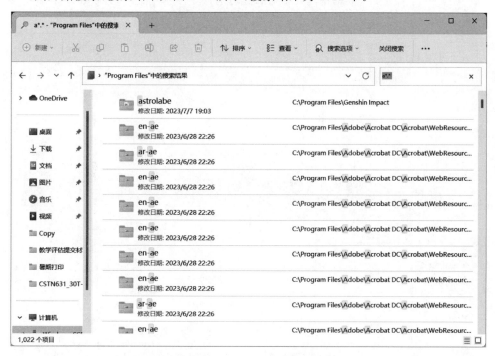

图 2-18　按"a*.*"搜索的搜索结果

（2）单击图 2-18 的工具栏中的"搜索选项",在打开的下拉列表中选择"大小",在其级联菜单中选择"中等(1-128M)",如图 2-19 所示。搜索结果如图 2-20 所示,搜索到的符合条件的对象由 1022 个变为 52 个。

（3）单击图 2-20 的工具栏中的"搜索选项",在打开的下拉列表中选择"修改日期",在其级联菜单中选择"今年",如图 2-21 所示。搜索结果如图 2-22 所示,搜索到的符合条件的对象由 52 个变为 33 个。

8. 设置文件和文件夹的属性

将文件夹"练习"中的文件"ABC.TXT"属性设置为"只读"和"隐藏"。

（1）选取文件"ABC.TXT",在该文件上右击,在弹出的快捷菜单中选择"更多选项"→"属性"命令,打开该文件的属性设置对话框。

（2）在该对话框中选择"只读"和"隐藏"复选框,单击"确定"按钮即可。

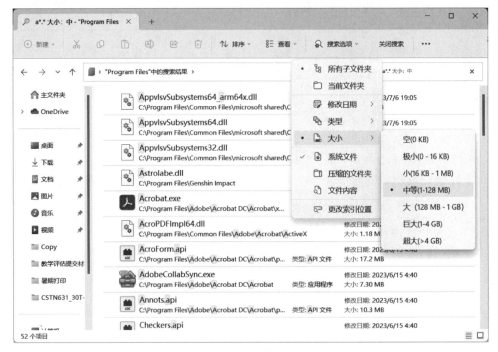

图 2-19　设置搜索大小

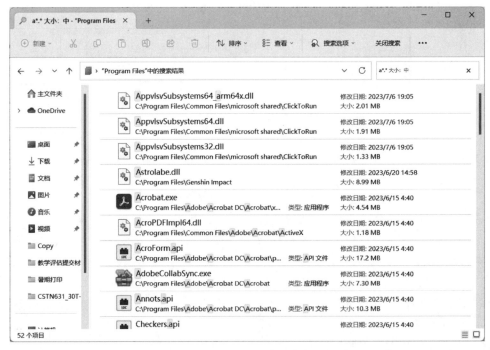

图 2-20　按"大小"搜索的搜索结果

9."文件夹选项"对话框的使用

将文件夹"练习"中隐藏的文件"ABC.TXT"显示出来,且显示该文件的扩展名。

(1) 打开"练习"文件夹,在该文件夹的工具栏最右侧有一个三个小圆点的按钮,单击该

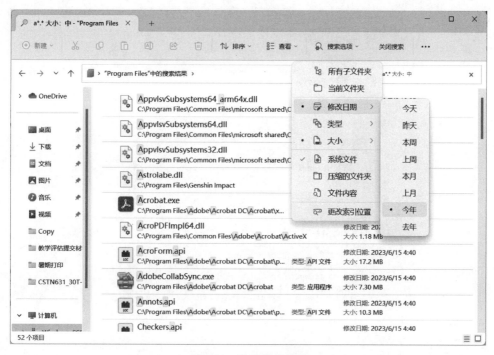

图 2-21　设置搜索日期

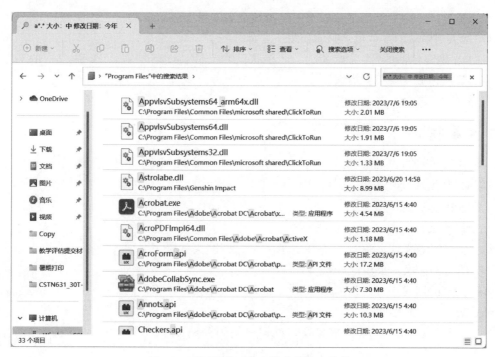

图 2-22　按"修改日期"搜索的搜索结果

按钮,在弹出的菜单中选择"选项"命令,打开如图 2-23 所示的"文件夹选项"对话框,在该对话框中选择"查看"选项卡。

（2）在该对话框的"高级设置"区选择"隐藏文件和文件夹"→"显示隐藏的文件、文件夹

操作系统

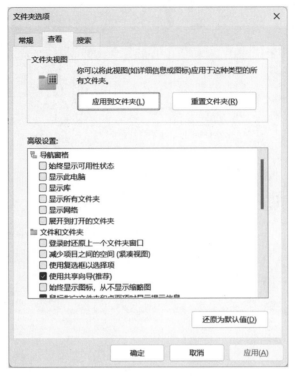

图 2-23 "文件夹选项"对话框

和驱动器",则隐藏的文件也会显示出来。

（3）在该对话框的"高级设置"区将"隐藏已知文件类型的扩展名"复选框中的对号去掉,则将显示已知文件的扩展名。

（4）单击"确定",完成设置。

三、实验任务

1. 查找在 C 盘 Windows 目录下的所有 bmp 格式的文件,并将查找结果中的某个 bmp 文件复制到"图片"和"音乐"文件夹中。

2. 查找在 C 盘的所有 mp3 格式的文件,并将查找结果中的某个 mp3 文件复制到"图片"和"音乐"文件夹中。

3. 将"音乐"文件夹中的 bmp 文件移动到"图片"文件夹中。

4. 将"图片"文件夹中的 mp3 文件删除。

5. 在桌面创建一个名为"AAA"的文件夹,将其复制到"练习"文件夹下,然后将桌面的"AAA"文件夹彻底删除。

6. 打开"截图工具"程序,将该窗口画面复制到剪贴板中,并以 jtgj.png 为文件名保存到"图片"文件夹中。

四、思考题

1. 每次删除文件或文件夹时都会打开"删除文件"对话框,通过"回收站"的属性来设置,如何不显示该对话框? 如何改变"回收站"的大小?

2. 文件移动和复制有什么区别？

3. 在 Windows 11 中如何查找一个文件？

4. 在 Windows 11 中如何查看隐藏文件和文件夹？

5. 在 Windows 11 中如何将已知文件类型的扩展名显示出来？

实验五　外观和个性化设置

一、实验目的

1. 掌握桌面背景和窗口颜色的设置。
2. 掌握声音和屏幕保护程序的设置。

二、案例

1. 设置桌面背景

事先从网上下载一些花儿的图片,放到一个名为"花朵"的文件夹中,然后设置桌面背景为"幻灯片放映"模式,幻灯片放映的图片是"花朵"文件夹中的图片,且每隔 1 分钟切换一次。

（1）在桌面空白处右击,在弹出的快捷菜单中选择"个性化"命令,打开如图 2-24 所示的"个性化"窗口。

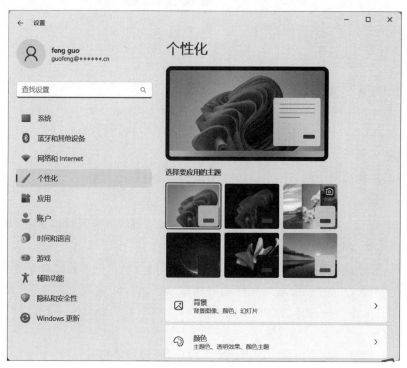

图 2-24　"个性化"窗口

（2）滚动右侧滚动条,选择"背景",在"个性化>背景"设置中选择如图 2-25 所示的"个性化设置背景"中的"幻灯片放映"。

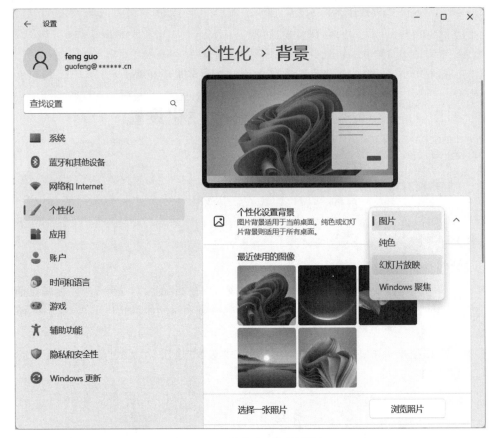

图 2-25　"个性化>背景"设置

（3）单击"浏览"按钮，为幻灯片选择图像相册"花朵"。

（4）在"图片切换频率"区域的时间设置按钮上单击，在下拉列表中选择"1分钟"，设置结果如图 2-26 所示。

2. 设置颜色

将 Windows 和应用中显示的颜色设置为深色，主题色设置为"手动"，自定义一种自己喜欢的颜色。

（1）在如图 2-24 所示的"个性化"窗口滚动右侧滚动条，选择"颜色"，打开如图 2-27 所示的"个性化>颜色"窗口。

（2）选择"选择模式"为"深色"，则 Windows 和应用中显示的颜色就会设置为深色。

（3）选择"主题色"为"手动"，然后移动右侧滚动条，选择"自定义颜色"右侧的"查看颜色"按钮，在打开的窗口中选择自定义主题的颜色。

3. 设置声音

设置"弹出菜单"时播放声音"tada"，"关闭程序"时播放声音"ding"，并将该声音方案设置为"风景"。

（1）在如图 2-24 所示的"个性化"窗口滚动右侧滚动条，选择"主题"，在"个性化>主题"窗口中选择"声音"，打开"声音"对话框。

图 2-26　幻灯片放映背景设置

图 2-27　"个性化>颜色"窗口

（2）在"程序事件"列表框中选择"弹出菜单"，在"声音"下拉列表框中为"弹出菜单"事件选择"tada"声音文件；在"程序事件"列表框中选择"关闭程序"，在"声音"下拉列表框中为"关闭程序"事件选择"ding"声音文件；单击"声音方案"右侧的"另存为"按钮，在打开的方案另存为对话框中输入"风景"后确定。设置结果如图 2-28 所示。

图 2-28 "声音"对话框

（3）在图 2-28 中单击"确定"按钮，保存整个设置。

4. 设置屏幕保护程序

设置屏幕保护程序为"3D 文字"，自定义文字设置为"风景无限好！"且字体设置为粗体隶书，旋转方式设置为"摇摆式"；屏幕保护程序等待时间设置为 5 分钟。

（1）在如图 2-24 所示的"个性化"窗口滚动右侧滚动条，选择"锁屏界面"，打开"个性化>锁屏界面"窗口，如图 2-29 所示。

（2）在图 2-29 所示窗口滚动右侧滚动条，选择"屏幕保护程序"，打开如图 2-30 所示的"屏幕保护程序设置"对话框。

（3）在"屏幕保护程序"下面的下拉列表框中选择"3D 文字"，然后单击其右侧的"设置"按钮，打开如图 2-31 所示的"3D 文字设置"对话框。

（4）选择"自定义文字"单选按钮，在其后的文本框中输入"风景无限好！"。

（5）单击"选择字体"按钮，在打开的"字体"对话框中选择"字体"为"隶书"，字形为"粗体"，单击"确定"按钮，回到图 2-31 所示的对话框。

（6）在"旋转类型"下拉列表框中选择"摇摆式"，单击"确定"按钮，回到"屏幕保护程序设置"对话框界面。

（7）调整"等待"微调按钮，设置时间为 5 分钟，单击"确定"按钮。

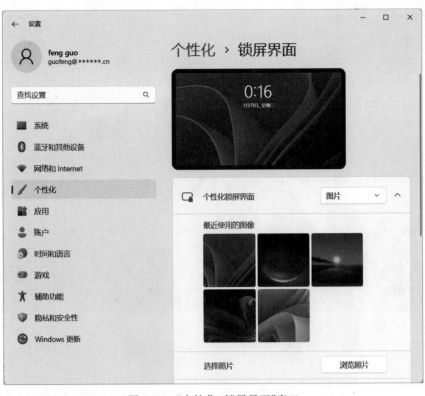

图 2-29 "个性化>锁屏界面"窗口

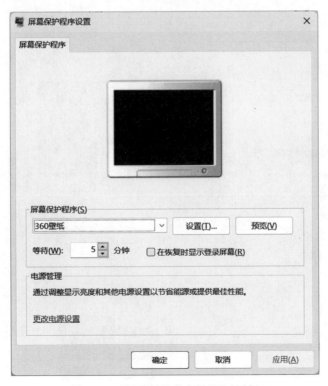

图 2-30 "屏幕保护程序设置"对话框

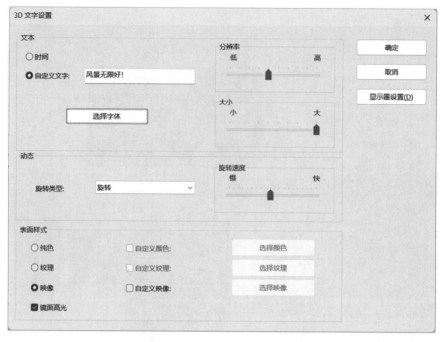

图 2-31 "3D 文字设置"对话框

5. 将以上定义的主题保存,命名为"休闲"

(1) 在"个性化>主题"窗口中单击右侧窗格中的"保存"按钮,打开如图 2-32 所示的"保存主题"对话框。

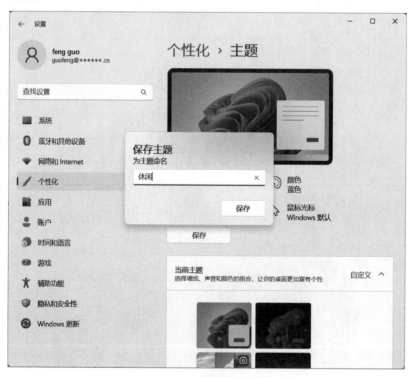

图 2-32 "个性化>主题"窗口

（2）在"为主题命名"文本框中输入要保存的名字"休闲"，单击"保存"按钮，回到"个性化>主题"窗口，可以看到自定义的主题"休闲"，如图 2-33 所示。

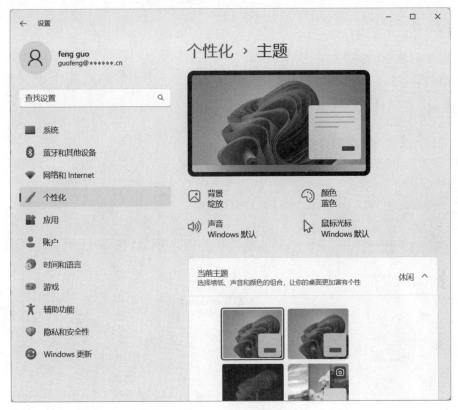

图 2-33　命名了的"个性化>主题"窗口

三、实验任务

1. 将一组自己拍摄的照片以幻灯片放映的形式作为 Windows 11 的个性化锁屏界面。

提示：背景图案保存在：Windows\Web\Wallpaper 目录的子文件夹中，每个文件夹对应一个集合。背景图案可以使用 .bmp、.gif、.jpg、.jpeg、.dib 和 .png 格式的文件。如果用户要创建新的集合，则只需在 Wallpaper 文件夹下创建子文件夹，并向其中添加文件即可。

2. 设置一个个性化主题，其中桌面背景、窗口颜色、声音等内容自己设定，屏幕保护程序要求选用实验任务 1 中新加入的一组自己拍摄的照片作为屏幕保护程序。

3. 设置个性化开始菜单，内容自己设定。

四、思考题

1. 主题是一整套显示方案，应用了一个主题后，是否可以单独更改其他元素？

2. 如何设置退出屏幕保护程序时进入系统登录界面？

实验六 账户管理

一、实验目的

1. 掌握创建新账户的方法。
2. 掌握账户信息内容的设置方法。

二、案例

1. 创建一个账户名为"study"的标准账户

（1）单击"开始"按钮，选择"设置"，在打开的"设置"窗口中选择"账户"，打开如图 2-34 所示的"账户"窗口。

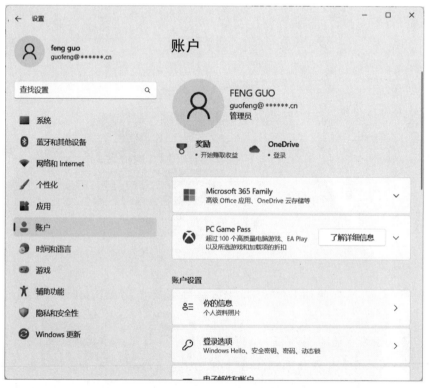

图 2-34 "账户"窗口

（2）单击"其他用户"链接，打开如图 2-35 所示的"账户>其他用户"窗口。在该窗口的右侧窗格的"其他用户"区域单击"添加账户"按钮，在打开的对话框中单击"我没有这个人的登录信息"链接，打开如图 2-36 所示的"创建账户"对话框。

（3）单击"添加一个没有 Microsoft 账户的用户"链接，打开如图 2-37 所示的"为这台电脑创建用户"对话框，在相应的文本框中设置用户名"study"、密码和相关问题。

（4）单击"下一步"按钮，则创建成功一个新的本地标准账户，如图 2-38 所示。

2. 为账户"study"更改账户名为"student"，并更改账户类型和密码

（1）选择"开始"→"所有程序"→"Windows 工具"→"控制面板"命令，打开"控制面板"窗口。

图 2-35 "账户>其他用户"窗口

图 2-36 "创建账户"对话框

（2）在"控制面板"窗口选择"用户账户"，打开"用户账户"窗口。在该窗口选择"更改账户类型"，打开如图 2-39 所示的"管理账户"窗口。在该窗口中选择"study"账户，打开如

图 2-37 "为这台电脑创建用户"对话框

图 2-38 成功创建本地账户 study

图 2-40 所示的"更改账户"窗口。

（3）单击"更改账户名称"链接，打开如图 2-41 所示的"重命名账户"窗口，在该窗口中输入"student"，单击"更改名称"按钮，则完成账户名称更改。

图 2-39　"管理账户"窗口

图 2-40　"更改账户"窗口

图 2-41　"重命名账户"窗口

（4）在图 2-40 中单击"更改账户类型"链接，打开如图 2-42 所示的"更改账户类型"窗口。在该窗口中可以选择要更改成为的账户类型。

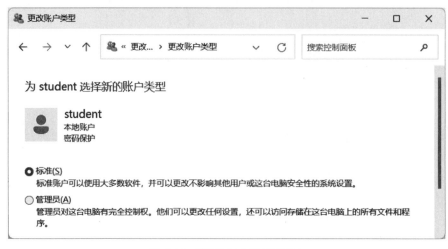

图 2-42 "更改账户类型"窗口

（5）在图 2-40 中单击"更改密码"链接，打开如图 2-43 所示的"更改密码"窗口。在该窗口中输入新密码即可。

图 2-43 "更改密码"窗口

3. 为账户"管理员"账户设置"更改用户账户控制设置"

（1）选择"开始"→"所有程序"→"Windows 工具"→"控制面板"命令，打开"控制面板"窗口。

（2）在"控制面板"窗口中选择"用户账户"，打开如图 2-44 所示的"用户账户"窗口。在该窗口单击"更改用户账户控制设置"链接，打开如图 2-45 所示的"用户账户控制设置"窗口。

（3）该窗口中可以设置"选择何时通知你有关计算机更改的消息"，这有助于预防有害程序对你的计算机进行修改。移动滚动滑块，有四个选项，根据你对计算机的实际使用情况选择其中的一种，这里推荐"仅当应用尝试更改我的计算机时通知我"，这个选项适用于使用常见应用和访问常见网站的情况。

图 2-44 "用户账户"窗口

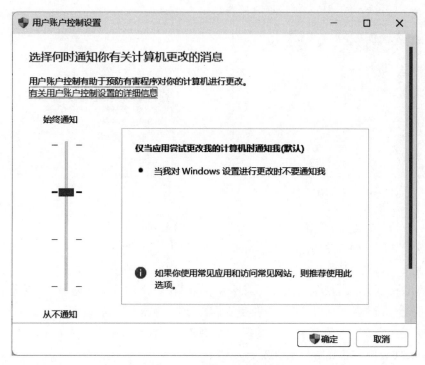

图 2-45 "用户账户控制设置"窗口

三、实验任务

1. 设置一个标准账户,内容自定。
2. 删除一个标准账户。

四、思考题

1. Windows 11 系统提供了几种不同类型的账户?
2. 不同类型的账户各有什么权限?

操作系统

实验七　附件的使用

一、实验目的

1. 掌握常用工具的使用方法。
2. 能够用相应的常用工具处理实际遇到的问题。

二、案例

1. 制作便笺

便笺具有备忘录、记事本的特点。用户可以使用便笺功能来记录任何可用便笺纸记录的内容，如用便笺来记录待办事宜、快速记下电话号、地址等。

（1）选择"开始"→"所有程序"→"便笺"命令，打开便笺应用程序，如图 2-46 所示。

（2）在"便笺"的空白区域输入要记录的内容，如图 2-47 所示。

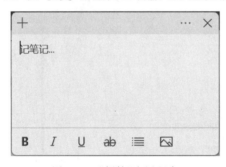

图 2-46　"便笺"应用程序

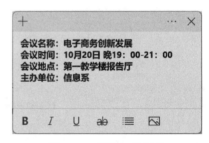

图 2-47　制作好的便笺

（3）新建便笺：单击"便笺"上方的"＋"按钮可以新建便笺。

（4）改变便笺颜色：单击便笺右上角的三个小圆点，在弹出的菜单中可以选择相应的颜色来更改便笺颜色。

（5）删除便笺：单击便笺右上角的三个小圆点，在弹出的菜单中选择"删除笔记"命令，可以删除便笺，此时会打开对话框，询问是否删除便笺，单击"删除"即可。

（6）便笺列表：单击便笺右上角的三个小圆点，在弹出的菜单中可以选择"便笺列表"命令，则会以列表的形式显示所有便笺。

（7）改变便笺大小：在便笺的边或角上拖动，可改变便笺大小。

2. 使用画图工具绘制一幅图画

（1）选择"开始"→"所有程序"→"画图"命令，打开画图应用程序窗口。

（2）在该应用程序窗口中的"形状"工具中选择"圆形"绘制一个圆。

（3）在"形状"工具中选择"曲线"，在圆形中绘制出弯弯的眼睛和微笑的嘴。

（4）在"形状"工具中选择"心形"，在圆形下面绘制一个心形。

（5）在"形状"工具中选择"椭圆形标注"，在圆形的右上角绘制出标注。

（6）在"工具"区域选择"文本"，在标注中添加文本内容"饿了吗？"。

实现效果如图 2-48 所示。

图 2-48　用"画图"绘制好的图

三、实验任务

1. 制作一个关于会议流程的便笺。
2. 使用计算器计算表达式：$(20+5)\times32/5.5$ 的值。
3. 使用计算器计算 21 到 25 这 5 个数的总和、平均值和总体标准偏差。
4. 使用画图工具绘制 。
5. 安装一款非系统自带的输入法，如搜狗拼音输入法。

四、思考题

1. 便笺有何用途？
2. 截图工具有何功能？
3. 画图和画图 3D 有何区别？
4. 如何更改日期和时间？
5. 如何使用日历？

实验八　多媒体播放器 Windows Media Player

一、实验目的

1. 熟练使用 Windows Media Player 播放音乐、视频和图片文件。

2．掌握添加媒体库位置。

3．掌握创建播放列表。

二、案例

1．从"库"模式打开媒体文件

（1）在"开始"菜单的搜索栏输入"Windows Media Player"，打开如图 2-49 所示的"Windows Media Player"窗口。

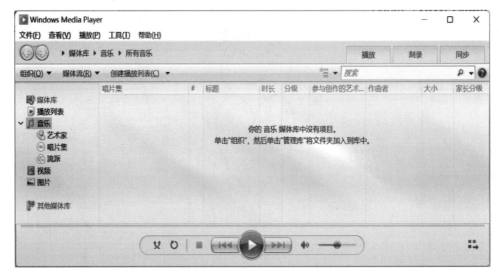

图 2-49　"Windows Media Player"窗口

（2）选择菜单栏中的"文件"→"打开"命令，在打开的"打开"对话框中选择需要播放的文件，单击"打开"按钮，即可在 Windows Media Player 中播放这些文件，如图 2-50 为播放的视频文件。

图 2-50　"Windows Media Player"播放视频文件

提示："Windows Media Player"的菜单栏默认是隐藏的，可选择"组织"→"布局"→"显示菜单栏"命令，使窗口显示菜单栏。

2. 播放光盘中的多媒体文件

（1）将光盘放入光驱中。

（2）在"Windows Media Player"窗口菜单栏中单击"播放"→"VCD 或 CD 音频（D）"按钮，即可播放光盘中的多媒体文件。

3. 添加媒体库位置

（1）在"Windows Media Player"窗口菜单栏中单击"组织"→"管理媒体库"→"音乐"按钮，打开如图 2-51 所示的"音乐库位置"对话框。

图 2-51 "音乐库位置"对话框

（2）单击"添加"按钮，打开"将文件夹包括在'音乐'中"对话框，在该对话框中找到需要添加的音乐文件夹（此处选择 C 盘的"钢琴曲"文件夹），单击"包括文件夹"按钮，返回"音乐库位置"对话框。

（3）添加的文件夹显示在"库位置"列表中，如图 2-52 所示，单击"确定"按钮，完成添加媒体库位置。

4. 创建播放列表

（1）单击工具栏中的"创建播放列表"按钮，在导航窗格的"播放列表"下出现一个选项。

（2）在文本框中输入列表名称"经典名曲"，按 Enter 键确认创建列表，如图 2-53 所示。

（3）创建后单击导航窗格中的"音乐"按钮，在显示区的"所有音乐"列表中拖动需要的音乐到新建的播放列表中，可向新建的播放列表中添加文件。

（4）添加后双击该列表项，即可播放列表中的所有音乐。

5. 编辑播放列表

（1）打开播放列表：单击图 2-54 中新创建的播放列表"经典名曲"，在显示区显示"经典名曲"播放列表中的文件，如图 2-55 所示。

图 2-52 添加了媒体库位置的"音乐库位置"对话框

图 2-53 添加了媒体库位置的"音乐库位置"对话框

图 2-54 创建播放列表

（2）设置播放顺序：用鼠标拖动列表中的文件可以使文件上下移动调整播放顺序（也可以在文件图标上右击，在弹出的快捷菜单中选择"上移"或"下移"命令，该方法一次只能移动一个位置）。

（3）删除列表中的文件：在文件图标上右击，在弹出的快捷菜单中选择"从列表中删除"命令。

（4）重命名列表：在左边的导航窗格中右击该列表，在弹出的快捷菜单中选择"重命名"命令，输入新的名称即可。

（5）删除列表：在左边的导航格中选择要删除的列表，右击，在弹出的快捷菜单中选择"删除"命令，在打开的删除确认对话框中单击"确定"按钮即可。

提示：删除列表并不会删除媒体文件，其文件仍然可以在媒体库中找到。

图 2-55 "经典名曲"播放列表

三、实验任务

1. 使用 Windows Media Player 播放一组图片文件。
2. 创建名为"流行音乐"的播放列表,并向其中添加音乐。
3. 从"外观"模式播放音乐文件。

四、思考题

1. Windows Media Player 有几种显示模式?
2. 如何实现各种模式的切换?

实验九 Windows 11 系统工具的使用

一、实验目的

1. 掌握各种系统工具的使用方法。
2. 能够对系统实现简单的维护和优化。

二、案例

1. 碎片整理和优化驱动器程序的使用

(1) 选择"开始"→"所有应用"→"Windows 工具"→"碎片整理和优化驱动器"命令,打开如图 2-56 所示的"优化驱动器"窗口。

(2) 选择需要进行磁盘碎片整理和优化的驱动器,单击"分析"按钮,则开始系统碎片程度的分析,若数字高于 10%,则应该对磁盘进行碎片整理。

(3) 单击"优化"按钮,开始对选中驱动器进行碎片整理。

(4) 单击"更改设置"按钮,打开如图 2-57 所示的"优化驱动器:优化计划"对话框,可进行磁盘碎片整理程序计划配置,制订计划定期运行磁盘清理。

图 2-56 "优化驱动器"窗口

图 2-57 "优化驱动器:优化计划"对话框

提示:碎片整理和优化驱动器程序可能需要几分钟到几小时才能完成,具体取决于硬盘碎片的大小和程度。在碎片整理过程中,仍然可以使用计算机。

2. 磁盘清理的使用

(1)选择"开始"→"所有应用"→"Windows 工具"→"磁盘清理"命令,打开如图 2-58 所示的"磁盘清理"对话框。

提示:由于该系统只有一个 C 盘,所以直接显示图 2-58 所示对话框,若所在系统有多个驱动器,则显示"磁盘清理:驱动器选择"对话框。

(2)在该对话框中,程序报告清理后可能释放的磁盘空间。在"要删除的文件"列表框中选择要删除的文件。

(3)单击"确定"按钮,删除选取的文件释放出相应的磁盘空间。

(4)若在图 2-58 中单击"清理系统文件"链接,则系统进行扫描,扫描后在图 2-59 中会增加一个选项卡,如图 2-59 所示,可以进一步进行卸载等操作。

图 2-58 "磁盘清理"对话框

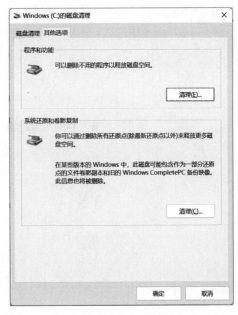

图 2-59 "C 的磁盘清理"对话框的"其他选项"

3. 内存优化

（1）在桌面上右击"计算机"，在弹出的快捷菜单中选择"属性"命令，然后在打开的"设置"对话框中单击"高级系统设置"链接，打开如图 2-60 所示的"系统属性"对话框。

（2）在"性能"区域单击"设置"按钮，在打开的"性能选项"对话框中选择"高级"选项卡，如图 2-61 所示。

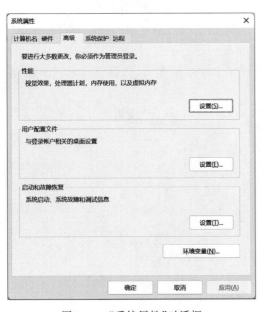

图 2-60 "系统属性"对话框

图 2-61 "性能选项"对话框

（3）在"处理器计划"区域单击"程序"单选按钮，将优化应用程序性能。

（4）单击"虚拟内存"区域的"更改"按钮，打开如图 2-62 所示的"虚拟内存"对话框。

图 2-62 "虚拟内存"对话框

（5）在"所有驱动器分页文件大小的总数"区域提示了驱动器页面文件大小的总数，最小值为 16MB，当前已分配的虚拟内存大小，并推荐用户使用一定虚拟内存大小。

（6）如果需要修改某个驱动器的页面文件大小，先单击"自动管理所有驱动器的分页文件大小"复选框，去掉其选项，然后在"驱动器"列表框中选择该驱动器，选择"自定义大小"单选按钮，在"初始大小"文本框中输入初始页面文件的大小。

（7）在"最大值"文本框中输入所选驱动器页面文件的最大值，其值不得超过驱动器的可用空间。单击"设置"按钮。

（8）单击"确定"按钮返回到"性能选项"对话框，再单击"确定"按钮即可。

三、实验任务

1. 设置计划定期执行磁盘清理程序清理 D 盘。
2. 卸载一个应用程序。

四、思考题

1. 如何查看系统信息？
2. 如何查看系统配置？

第3章 文字处理软件——Word

实 验 环 境

1. 中文 Windows 11 操作系统。
2. Word 2019 应用软件。

实验一 Word 2019 基本操作

一、实验目的

1. 了解 Word 2019 的启动方法。
2. 熟悉 Word 2019 的工作界面。
3. 熟悉文档的新建、打开和保存的方法。

二、案例

1. 启动 Word 2019

(1) 使用"开始"→"程序"栏启动。

(2) 使用桌面快捷方式启动。

2. 调整工作界面

(1) 隐藏/显示标尺。

切换到"视图"选项卡,在"显示"分组中选中取消"尺"复选框即可隐藏/显示标尺。

(2) 折叠功能区。

单击功能区右侧的"^"按钮(或使用 Ctrl+F1)即可最小化功能区,功能区被隐藏时仅显示功能选项卡名称,使用组合键 Ctrl+F1 即可恢复功能区。利用窗口右上角的"↑"按钮,通过展开的命令列表也可以完成自动隐藏功能区、显示选项卡和命令等操作。

(3) 自定义功能区。

Word 允许用户自定义功能区,可以创建功能区,也可以在功能区下创建命令组,使功能区的设置更符合用户的使用习惯。选择"文件"→"选项"命令,打开"Word 选项"对话框,切换到"自定义功能区"选项卡,在自定义功能区列表中选中相应的主选项卡,也可以自定义功能区所显示的主选项,如图 3-1 所示。

3. 创建新文档

选择"文件"→"新建"命令,在打开的"新建"对话框中选择"空白文档",即可跳转到新文

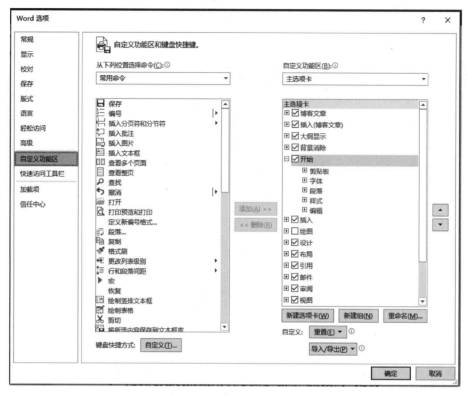

图 3-1 "Word 选项"对话框

档编辑区,在插入点输入新文档内容。如样文一"Word 的主要功能与特点"。

4. 保存新文档

选择"文件"→"另存为"命令,在打开的"另存为"对话框中选择文件的保存位置,输入文件名并选择保存类型(默认 Word 文档),单击"保存"按钮,即可完成。

5. 打开已有文档

(1) 在"资源管理器"中找到需要打开的 Word 文档,双击即可。

(2) 先启动 Word,再选择"文件"→"打开"命令,在"打开"对话框中选择需要打开的文件即可。

提示:录入正文的注意事项。

- 不要每行末尾都输入回车符。Word 有自动换行的功能,只有在一个段落结束时才使用回车换行。

- 不用插入空格来产生缩进和对齐。通过段落格式设置可以达到对齐效果(实验三中会有相关练习)。

- 要经常存盘。Word 默认 10 分钟自动存盘一次,用户可选择"文件"→"选项"命令,在"Word 选项"对话框中设置自动存盘时间,尽量避免因意外死机导致录入内容丢失。

- 适当使用"撤销"功能。如果在录入过程中,误操作使文档格式发生很大变化,这时不需要重新操作一次,只要单击窗口左上角的"撤销"按钮就可以恢复原状。

- 注意保留备份。由于计算机硬盘的故障,或者无意删除了文件,都会带来重大损失。对于重要文件应养成保留备份的好习惯。

三、实验任务

1. 启动 Word 2019 之后按照个人需要调整工作界面。

2. 创建新文档，内容可参看样文二，"Office 2019 新增功能"。

3. 建立"Word 实验"文件夹，将创建的文档保存在该文件夹中，文件命名为"Office 2019 新增功能.docx"。

四、思考题

1. Word 2019 的工作界面有哪几个部分？

2. "保存"和"另存为"有什么不同？

3. 如何在 Word 2019 中设置自动保存功能？

【样文一】 Word 的主要功能与特点

Word 是微软公司的一个文字处理器应用程序，作为 Office 组件的核心程序，Word 提供了许多易于使用的文档创建工具，同时也提供了丰富的功能帮助用户创建复杂的文档，并得到优雅美观的结果。Word 的主要功能与特点可以概括为如下几点。

(1) 所见即所得。

用户用 Word 软件编排文档，使得打印效果在屏幕上一目了然。

(2) 直观的操作界面。

Word 软件界面友好，提供了丰富多彩的工具，利用鼠标就可以完成选择、排版等操作。

(3) 多媒体混排。

用 Word 软件可以编辑文字图形、图像、声音、动画，还可以插入其他软件制作的信息，也可以用 Word 软件提供的绘图工具进行图形制作，编辑艺术字，数学公式，能够满足用户的各种文档处理要求。

(4) 强大的制表功能。

Word 软件提供了强大的制表功能，不仅可以自动制作常规表格，也可以手动制作个性表格。表格中的数据可以自动计算，用户还可以对表格进行各种修饰。

(5) 自动功能。

Word 软件提供了拼写和语法检查功能，提高了英文文章编辑的正确性，如果发现语法错误或拼写错误，Word 软件还提供修正的建议。自动更正功能为用户输入同样的字符提供了很好的帮助，用户可以自己定义字符的输入，当用户要输入同样的若干字符时，可以定义一个字母来代替，尤其在汉字输入时，该功能使用户的输入速度大大提高。

(6) 模板与向导功能。

Word 软件提供了大量且丰富的模板，使用户在编辑某一类文档时，能很快建立相应的格式，而且，Word 软件允许用户自己定义模板，为用户建立特殊需要的文档提供了高效而快捷的方法。

(7) Web 工具支持。

因特网是当今计算机应用最广泛、最普及的一个方面，Word 软件提供了 Web 的支持，用户根据 Web 页向导，可以快捷而方便地制作出 Web 页(通常称为网页)，还可以用 Word 软件的 Web 工具栏，迅速地打开，查找或浏览包括 Web 页和 Web 文档在内的各种文档。

（8）超强兼容性。

Word 软件可以支持许多种格式的文档，也可以将 Word 编辑的文档以其他格式的文件存盘，这为 Word 软件和其他软件的信息交换提供了极大的方便。

（9）强大的打印功能。

Word 软件提供了打印预览功能，具有对打印机参数的强大的支持。

Word 软件不仅可以对文档进行编辑和制作，同时在学习和查阅资料时也有很广泛的应用。因此，熟练掌握 Word 软件的应用技巧，可以提升文档编辑和处理的效率，对用户的学习和工作均有很大帮助。

【样文二】 Office 2019 新增功能

Office 2019 涵盖了 Office 365 这三年以来的重磅更新，让 Office 使用者无须每年花钱订阅，也能享有新功能。新增功能如下。

（一）Word 篇：更方便的阅读方式

Word 2019 增加的最主要的新功能都是偏向阅读类的，主要有：横式翻页、沉浸式学习工具、语音朗读等。

1. 横式翻页

通过选择"视图"→"页面移动"→"翻页"可以开启"横式翻页"的功能（原先是默认为垂直），相当于模拟翻书的阅读体验，非常适合使用平板的用户。如果用户是使用一般计算机来开启 Word 文件，由于"翻页"后，竖直的排版会让版面缩小，而且无法调整画面的缩放，如果文档中的文字字号比较小，反而会变得难以阅读。该怎么办？ 可以使用"学习工具"来解决这一问题。

2. 学习工具

在 Word 2019 的新功能里，"学习工具"可说是一大亮点。通过选择"视图"→"沉浸式"→"学习工具"可以开启"学习工具"模式。进入"学习工具"模式后，可以调整"列宽"、"页面颜色"、"文字间距"、"音节"和"朗读"，这些调整除了方便用户阅读以外，并不会影响到 Word 原本的内容格式。结束阅读时单击"关闭学习工具"就可以退出此模式了。

- 列宽：文字内容占整体版面的范围。
- 页面颜色：改变背景底色，甚至可以反转为黑底白字。
- 文字间距：字与字之间的距离。
- 音节：在音节之间显示分隔符，不过只针对西文显示。
- 朗读：将文字内容转为语音朗读出来。

3. 语音朗读

除了在"学习工具"模式中可以将文字转为语音朗读以外，用户也可以通过选择"审阅"→"语音"→"朗读"来开启"语音朗读"功能。开启"语音朗读"后，在画面右上角会出现一个工具栏。通过"播放"按钮可以从鼠标所在位置的文字内容开始朗读；通过"上一个/下一个"来跳转上一行或下一行朗读；也可以开启"设置"调整阅读速度或选择不同声音的语音。

（二）Excel 篇：更高效的新图表和新函数

1. 漏斗图

以往要做出漏斗图，用户需要对条形图设置特别的公式，让它最终能呈现左右对称的漏斗状。而在 Excel 2019 中,只需要选中已输入好的数值,接着依序选择"插入"→"图表"→"漏斗图"命令,就能生成漏斗图了。

2. 地图

在分析销售数据时,往往需要利用专业的软件,在地图上标以深浅不同的颜色来代表销售数。而这样的图表,在 Excel 2019 中也已经可以直接生成了。用户只需要先输入好地区(最小单位为省),并输入该地区对应的销售额,接着以"插入"→"图表"→"地图"来插入地图,就能够直接用地图来显示各地区的数据了。

由于默认显示是世界地图,可以通过右击,在弹出的快捷菜单中选择"设置数据系列格式"→"系列选项"→"地图区域"命令来调整所显示的地图的范围。

3. 多条件函数

当我们使用 Excel 函数时,IF 函数肯定是使用频率最高的函数之一。然而有时候需要设定的条件太多,以至于我们使用 IF 函数时,往往需要层层嵌套。

例如: IF(条件 A, 结果 A, IF(条件 B, 结果 B, IF(条件 C, 结果 C, 结果 D)))

像这样来写条件式,基本上只要嵌套的三四层,就有点头昏眼花了,不知道用了多少个 IF、多少个括号。但是在 Excel 2019 中,通过 IFS 函数(加个 S 表示多条件),使用起来就直观许多。

例如: IFS(条件 A, 结果 A, 条件 B, 结果 B, 条件 C, 结果 C, 条件 D, 结果 D)

像上面这样的"条件—结果"可以写上 127 组。

与 IFS 函数比较类似的多条件函数,还有 MAXIFS 函数(区域内满足所有条件的最大值)和 MINIFS 函数(区域内满足所有条件的最小值);此外,Excel 2019 还新增了文本连接的 Concat 函数和 TextJoin 函数。

(三)PPT 篇:打造"3D 电影级"的演示

PPT 2019 中所新增的功能主要是以打造冲击力更强的演示为目标的"平滑切换"和"缩放定位"功能。

1. 平滑切换

提到苹果的演示软件 Keynote 的动画效果"神奇移动",相信大家都不陌生。在 Office 2019 之后,PPT 也加入了同样的效果,即页面间的"切换动画"→"平滑"。"平滑"的具体效果,在于让前后两页幻灯片的相同对象,产生类似"补间"的过渡效果。由于它不需要设置烦琐的路径动画,只需要摆放好对象的位置、调整好大小与角度,就能实现"平滑"动画,让幻灯片保持良好的阅读性。除此之外,利用"平滑"搭配"裁剪"等进阶技巧,还可以快速做出很多酷炫的动画效果。

2. 缩放定位

如果说上述的动画效果"平滑切换"取自 Keynote 的"神奇移动",那接下来要介绍的"缩放定位",就类似于另一款演示软件 Prezi。"缩放定位"是能跨页面跳转的效果。在原有 PPT 中,用户只能依照幻灯片顺序来演示。而在这项功能加入之后,可以插入"缩放定位"的页面,页面中会插入幻灯片的缩略图,直接跳转到相对应的幻灯片。对演讲者来说,大大提升了演示的自由度和互动性。

3. 3D 模型

如果说"平滑切换"和"缩放定位"这两个强大的功能,还属于演示软件的范畴的话,那接下来要介绍的新功能"3D 模型",可说是演示软件的一大突破。

通过"插入"功能区中的"3D 模型"命令能够在 PPT 中插入 3D 模型。目前 Office 系列所支持 3D 格式为 fbx、obj、3mf、ply、stl、glb 这几种,导入 PPT 中就能直接使用。插入"3D 模型"后,可以利用鼠标拖曳,来改变它所呈现的大小与角度。而搭配前面所提到的"平滑"切换效果,则可以更好地展示模型本身。

除此之外,在 PPT 中的"3D 模型"又自带了特殊的"三维动画",包括"进入""退出"以及"转盘""摇摆""跳转"三种强调动画。为"3D 模型"添加特有的"三维动画",可以让你的演示更加生动活泼。

4. SVG 图标

图像化表达比纯文本能更快、更好地展示信息。因此,"图目标"使用一直是 PPT 设计中不可或缺的一环。以往由于 PPT 软件的限制,只能在 PPT 中插入难以编辑的 PNG 图标;如果要插入可灵活编辑的矢量图标,就必须借助 AI 等专业的设计软件开启后,再导入 PPT 中,使用上非常不便。

在 Office 2019 中,微软提供了图标库,细分出很多种常用的类型,方便用户查找使用。通过"插入 — 图标"就能快速插入需要的图标素材。此外,还能直接导入 SVG 这种最常见的矢量图。同时,可以通过图形工具中的"转换为形状"将图标拆解开来,分别编辑它每一部分的大小、形状和颜色,让用户往后使用图标时,能更好地去编辑。

实验二　文档查阅与编辑

一、实验目的

1. 了解 Word 编辑窗口的常用视图方式及切换方法。
2. 了解添加"书签"标记的方法。
3. 熟练掌握文档的选取、移动、复制、删除和恢复。
4. 掌握文档内容的查找与替换。

二、案例

1. 常用视图方式的切换

(1) 打开已有文档,如"Word 的主要功能与特点.docx"。

(2) 切换到"视图"选项卡,依次调用"视图"分组中的页面视图、阅读视图、Web 版式视图、大纲、草稿等按钮,可以观察到同一篇 Word 文档在不同视图方式下的变化。

利用 Word 窗口状态栏中的按钮也可以实现不同视图之间的切换,用于在不同方式下查阅文档。

2. 添加书签标记

添加书签是在文档中的某个位置做一个标记,并创建可以跳转到该位置的超链接。在阅读一篇较长文档时,书签的添加很有必要。

(1) 添加书签。

在文档中选择要设置书签的文本内容,如"所见即所得",切换到"插入"选项卡,使用"链接"分组的"书签"命令,在"书签"对话框中输入书签名,如"特点一",单击"添加"按钮。用同样的方法可以依次选择"自动功能"及"模板与向导功能"等文本，添加类似的书签，书签名可设置为"特点五"和"特点六"。

（2）使用书签。

如果要在文档中快速定位到如"自动功能"的位置，可以利用"书签"功能。打开"书签"对话框，在列表框中选择"特点五"选项，单击"定位"按钮，此时文档将自动跳转到该书签处，可以快速找到需要查阅的内容。

（3）删除书签。

如果查阅文档时不再需要某书签，可以将其删除。打开"书签"对话框，在列表框中选择要删除的书签，单击"删除"按钮即可。

3. 文本的基本操作

（1）文本的选取。

如果是选取一个字符或单词，用鼠标拖动使文本变成黑底即可；如果是选取一行文本，在待进行的左侧选择区，鼠标指针变成指向右上方的空心箭头时单击即可；如果是选取一段文本，在待选段落的左侧选择区，双击鼠标即可。

（2）文本的移动。

选取文本后，用鼠标拖动该文本到目标处即可实现移动。如果是使用命令按钮，应在选取文本后，单击"开始"选项卡的"剪贴板"选项组中的"剪切"按钮，将插入点置于目标处，再单击"粘贴"按钮即可。

（3）文本的复制。

选取文本后，单击"开始"选项卡的"剪贴板"选项组中的"复制"按钮，将插入点置于目标处，再单击"粘贴"按钮即可。也可以在拖动鼠标选取文本时配合使用 Ctrl 键到目标处实现文本的复制。

"选择性粘贴"功能可以帮助用户有选择地粘贴剪贴板中的内容，如："无格式文本"表示只复制文本内容而不复制文本格式。

（4）文本的删除。

选取要删除的文本，单击"开始"选项卡的"剪贴板"选项组中的"剪切"命令即可完成删除操作；使用键盘的 Delete 键亦可删除选取文本。

（5）文本的恢复。

对于刚删除的文本，如果想恢复回来，可单击窗口左上角的"撤销键入"按钮；利用"剪切"按钮删除的文本可通过选择"开始"→"剪贴板"→"粘贴"命令进行恢复。

4. 文本的查找与替换

（1）文本的查找。

选择"开始"→"编辑"→"查找"命令，打开"查找和替换"对话框，在"查找内容"中输入"因特网"，单击"查找下一处"，则文档中第一处出现"因特网"的文本被选中；继续单击"查找下一处"，则光标顺序移动到其他出现该文本的位置；若文中不再有该文本出现，则打开对话框，说明"已到达文档结尾，未找到匹配项"。

（2）文本的替换。

在"查找和替换"对话框中选择"替换"选项卡，在"替换为"文本框中输入"Internet"，单击"全部替换"按钮，则文档中所有的"因特网"均会被"Internet"替换。

（3）利用"查找与替换"修改文本格式。

使用"查找和替换"功能，不仅可以查找和替换文本，还可以查找和替换文本格式，包括字体、字号、字体颜色等格式。

例如，在文档"Word 的主要功能与特点"中，多次出现"Word"这个单词，可以利用"查找与替换"将文档中出现的"Word"均加粗显示。

打开"查找和替换"对话框，单击"更多"按钮后，对话框将显示更多的选项。在"查找内容"文本框中输入"Word"，然后单击对话框左下角的"格式"下拉按钮，在列表中选择"字体"，在"字体"对话框中选择"字形"为"常规"；接着在"替换为"文本框中输入"Word"，用同样方法设置"字形"为"加粗"，如图 3-2 所示。单击"全部替换"按钮，则文档中出现的"Word"均会以加粗形式显示，从而实现了文本的批量格式设置。

图 3-2　利用"查找与替换"修改文本格式

三、实验任务

1. 常用视图方式的切换：打开文档"Office 2019 新增功能.docx"，依次选择各视图命令，观察同一 Word 文档在不同视图方式下的变化。

2. 书签的应用：在文档的"Word 篇""Excel 篇"等文本处插入书签，在浏览文档时利用"书签"对话框实现文档的自动跳转。

3. 文本内容的基本操作：通过工作区的命令方式或鼠标操作方式尝试文本的选取、移动、复制、粘贴、删除、恢复等。

4. 文本的查找与替换：在文档中查找"Word"，观察文档中的查找结果；将文档中所有"Word"字样替换为"文字处理软件"。利用"查找和替换"对话框将文档中所有出现的

"2019"均设置为"加粗""倾斜"。

1. Word 中提供了几种视图模式？它们之间有什么不同？

2. 选取文本块的方法有哪些？

3. "剪贴板"功能分组中的"复制"和"剪切"命令有什么不同？"选择性粘贴"应如何使用？

4. "查找与替换"功能只能实现文本内容的查找与替换吗？如果能完成其他操作,应如何设置？

实验三　文档格式化

一、实验目的

1. 掌握字符格式化的方法。

2. 掌握段落格式化的方法。

3. 掌握页面格式化的方法。

二、案例

1. 字符格式

(1) 设置字体和字号。

Word 2019 提供了许多种字体,并且可添加更多其他的字体。如"宋体""楷体""仿宋""黑体"等中文字体,以及"Times New Roman""Arial"等英文字体。系统默认的中文字体是宋体,英文字体为 Times New Roman。

字号是指字体的大小。我国国家标准规定字体大小的计量单位是"号",而西方国家的计量单位是"磅"。"磅"与"号"之间的换算关系是：10.5 磅字相当于五号字。如果在文章中使用不同的字号,比如标题比正文字号大一些,可以使得整篇文章具有层次感,更加方便阅读。

例如,打开文档"Word 的主要功能与特点.docx",切换到"开始"选项卡,使用"字体"分组中与字体、字号相关的命令按钮,将文档中的正文文字设置为宋体、五号字。

(2) 设置特殊格式。

有时为了强调某些文本,经常需要设置特殊格式,主要包括加粗、倾斜、下画线等。设置特殊格式时,首先选中需要设置格式的文本,在"开始"选项卡的"字体"分组中选择"字体颜色"选项,单击"格式"工具栏中的"加粗""倾斜""下画线"等按钮。

提示：加粗、倾斜和下画线按钮都是双向开关,即单击可对文本进行设置,再次单击则取消设置。

(3) 利用"格式刷"复制格式。

将文档中编号为单数的小标题文本设置为宋体、加粗、倾斜；将编号为双数的小标题文本设置为宋体、加粗、下画线。操作时,可以依次对前两个小标题设置字符格式,其余小标题的设置可以利用"格式刷"功能复制格式。

（4）设置首字下沉。

切换到"插入"选项卡，使用"文本"分组中的"首字下沉"命令，将第一自然段的首字母"M"设置为宋体、加粗、倾斜、蓝色，在"首字下沉"对话框中设置下沉文字（下沉4行），段落中其他文字设置为黑体、五号字。设置效果如图 3-3 所示。

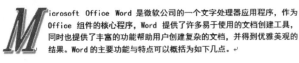

图 3-3　首字下沉效果示例

2. 段落格式

（1）设置段落间距与行距。

选中样文一文档中的 9 个小标题段落，在"开始"选项卡的"段落"分组中单击右下角的"段落设置"按钮，在打开的"段落"对话框中将各小标题的段前间距设置为"0.5 行，单倍行距"；将最后一个段落的段前间距为"1 行"，行距为"20 磅"，如图 3-4 所示。

图 3-4　段落对话框

提示：要选中不连续的多个段落时，可以先用鼠标选中第一个段落，继续选中其他段落时只要配合 Ctrl 键，即可完成多个不连续段落的选择。

如果相邻的两段都通过"段落"对话框设置间距，则两段间距是前一段的段后值和后一段的段前值之和。

（2）设置项目符号。

配合 Ctrl 键，依次选中 9 个小标题的后续段落，在"开始"选项卡的"段落"分组中单击"项目符号"下拉三角按钮，在列表中选择某个项目符号，如果列表中没有需要的符号，应选择"定义新项目符号"命令，打开对话框。在对话框中单击"符号"按钮，在"符号"对话框中选择需要的符号,如"☞",单击"确定"按钮,返回"定义新项目符号"对话框,可以看到设置的预览效果。如图3-5所示,再次单击"确定"按钮即可完成选中段落项目符号的设置。

(3)设置段落底纹。

选中最后一个自然段,在"开始"选项卡的"段落"分组中单击"边框"下拉三角按钮,在列表中选择"边框和底纹"命令,在对话框中选择"底纹"选项卡,为该段落设置"浅灰色"底纹。

3. 页面格式

(1)设置页面。

为本文档设置页边距为上下各2.4厘米,左右各2.8厘米;纸张大小为A4,纵向,文档网格的设置保持系统默认值。

切换到"布局"选项卡,在"页面设置"分组中单击"页边距"按钮,在打开的常用页边距列表中可以看到系统预设的页边距情况。在本例中选择"自定义边距"命令,在打开的"页面设置"对话框中切换到"页边距"选项卡,在"页边距"区域分别输入上、下、左、右的数值,这些数值指的是正文部分到页面四周的距离。在"纸张"选项卡中选择纸张大小,如"A4",单击"确定"按钮即可。

(2)设置分栏。

在"页面设置"分组中单击"栏"按钮,在打开的列表中选择合适的栏类型,如"两栏"。若单击"更多栏"按钮,还可以打开"栏"对话框,在对话框中进行更具体的设置,包括:栏数、是否栏宽相等、是否设置分隔线、设置的应用范围等。

在样文一文档中,选中从"(3)多媒体混排"到"(7)Web工具支持"共5个小标题在内的这部分文字,设置分栏,栏数为2、栏宽相等、不设置分隔线,应用于"所选文字",如图3-6所示。

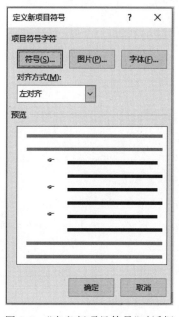

图3-5 "定义新项目符号"对话框

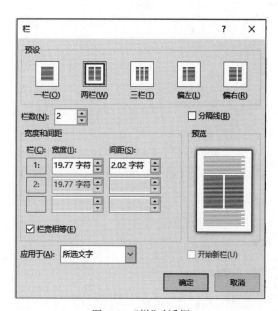

图3-6 "栏"对话框

提示:在对文档的最后一段进行分栏时,有可能出现非正常现象,比如未按照设置要求分栏,或者各栏之间的文本行数严重失衡。发生此类现象的原因是:在对文档的最后一段进行选取时,把段落标记一同选上了,这样一来所选内容之后没有任何内容和符号,又因为文档的最后一页没有满页,Word把最后一段连同之后页面的空白处全部当成了设置"分栏"的选取内容,因而出现非正常现象。所以,在选取最后一段时可以用鼠标拖动的方式选取文本,不要把"段落标记"选上。

(3) 设置页眉和页脚。

切换到"插入"选项卡,在"页眉和页脚"分组中单击"页眉"或"页脚"按钮,在打开的"页眉"或"页脚"样式列表中选择合适的样式,选择"编辑页眉"命令,进入页眉编辑区。本例在页眉处输入文档标题"Word的主要功能与特点",文字为蓝色、隶书、五号字、加粗。如图3-7所示。使用"页码"命令在页面的右下角位置插入页码,文字为宋体、五号字、加粗。

图3-7　插入页眉

(4) 插入尾注。

将光标设置在文档标题位置,切换到"引用"选项卡,在"脚注"分组中单击"插入尾注"按钮,在"尾注"编辑区输入"摘自360问答"。

三、实验任务

1. 打开文档"Office 2019新增功能",设置字符格式。

(1) 将正文的文字设置为宋体、五号字。

(2) 标题文字设置为隶书、四号字、倾斜、加粗。

2. 设置段落格式。

(1) 为三个大标题设置为段前0.5行,段后0.5行。

(2) 为小标题设置段落底纹,如"1. 横式翻页"。

(3) 在"Word篇"的"学习工具"中,选中从"列宽"到"朗读"这5个段落,添加项目符号。

3. 设置页面格式。

(1) 设置页边距:上下各2.5厘米,左右各3厘米;纸型为A4,纵向。文档网格中的数值自行调整,使得文档的所有内容能安排在两页中。

(2) 为"Word篇"中三个新增功能的段落设置分栏:栏数为2、栏宽相等、设置分隔线。

(3) 为文档插入页眉和页脚:页眉文字与文档标题相同,宋体字,小五号;在页面底端右下角插入页码。

四、思考题

1. 小结文档格式化中都包含哪些具体内容。

2. 如何设置项目符号? 如何将新的符号添加到项目符号列表中?

3. 分栏中有几种预设情况? 对文档最后一段分栏时如果出现非正常情况应如何调整?

实验四 图形编辑

一、实验目的

1. 掌握在文档中插入各类图形的方法。
2. 掌握图形的缩放、裁剪、文字环绕方式等操作。
3. 掌握"设置图片格式"的方法。

二、案例

1. 插入图形文件

（1）插入艺术字。

打开样文"Word 的主要功能与特点. docx"，切换到"插入"选项卡，单击"文本"分组中的"艺术字"按钮，在打开的"艺术字"预设样式面板中选择合适的艺术字样式。在"艺术字"文字编辑框中输入艺术字文本，如"Word 的主要功能与特点"，对输入的艺术字设置字体、字号、颜色、文字效果等，如图 3-8 所示。

提示：艺术字结合了文本和图形的特点，能够使文本具有图形的某些属性。选中插入的艺术字图片，在"绘图工具-形状格式"功能区的"形状样式"列表中选择适合的图片样式，还可以设置形状轮廓、形状效果等。

Word 的主要功能与特点

图 3-8　艺术字效果

（2）插入图标。

图标是一个小的图片或对象，插入图标是 Office 2019 的新增功能之一。操作方法是：在"插入"选项卡的"插图"分组中单击"图标"按钮，打开"插入图标"对话框，左侧列表是系统内置图标的分类，选取某个分类之后，右侧位置会显示该类所有图标的缩略图。例如，选择"教育"分类中的一个图标。新插入的图标周围有 8 个控制点，用于调节大小和位置。

（3）插入图片。

若图标库中没有适合的内容，可以插入磁盘中存储的图形文件。在"插入"选项卡的"插图"分组中单击"图片"按钮，打开"插入图片"对话框，选择适合的图形文件，单击"插入"按钮，即可将图片插入到文档中。

（4）插入屏幕截图。

如果需要将某个操作窗口的当前状态以图片形式保留下来，可以使用"屏幕截图"功能。在"插入"选项卡的"插图"分组中单击"屏幕截图"按钮，打开的列表中将列出当前打开的所有程序窗口。选择需要插入的窗口截图，则截图将被插入文档中，如图 3-9 所示。

图 3-9　插入屏幕截图

2. 设置图片格式

（1）图片缩放与裁剪。

单击图片（即选中），图片周围会出现八个小圆圈（尺寸控制点），鼠标指针移到控制点上使之成为双向箭头，拖动鼠标即可改变图片大小。

如果图片中有不需要的部分,可以使用"裁剪"功能。选中图片后,单击"图片格式"功能区 "大小"分组中的"裁剪"按钮,此时图片的"尺寸控制点"位置变成裁剪的形状,在图片的边缘按住鼠标左键,然后向内拉到要裁剪的位置放手即可。

(2) 图片对齐。

当文档中插入多个图形文件时,需要将多个图形按照某种方式进行对齐。如果采用拖动图形的方式往往难以精确对齐,而使用 Word 提供的对齐功能则可以轻松达到对齐要求。多个图形的对齐方式包括:顶端对齐、底端对齐、上下居中、右对齐、左对齐和水平居中等。操作过程如下。

选中准备设置对齐方式的多个图形(可以在按住 Ctrl 键的同时分别选中每个图形)。在 "图片格式"功能区的"排列"分组中单击"对齐"按钮,在列表选择对齐方式,如"顶端对齐"。

(3) 设置图片样式。

Word 中有针对各类图形对象的样式设置,样式包括了渐变效果、颜色、边框、版式等多种效果。

双击图片后,会自动打开"图片格式"功能区。在"图片样式"分组中,可以使用预置的样式快速设置图片的格式。特别是,当鼠标指针悬停在某一个图片样式上方时,Word 文档中的图片会即时预览实际效果。例如,本例中的艺术字选择了"剪去对角、白色"这个样式。如图 3-10 所示。

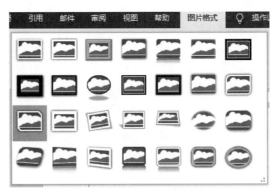

图 3-10 选择图片样式

(4) 设置文字环绕方式。

默认情况下,插入的图形对象会插入到特定位置,其位置随着其他字符的改变而改变,用户不能自由移动图片。通过设置文字环绕方式,可以自由移动图形对象的位置。

选中需要设置文字环绕的图形对象,在"图片格式"功能区的"排列"分组中单击"位置"按钮,在打开的预设位置列表中选择合适的文字环绕方式,文字将按照预设样式环绕图形。"环绕文字"按钮也可以实现选择文字环绕所选对象的方式的功能,如图 3-11 所示。

提示:本例中插入的图标对象可以在"环绕文字"列表中选择"紧密型环绕"命令,将图标调整大小后放置在文档的右下角,如图 3-11 所示。

3. 打印预览

用户可以通过使用"打印预览"功能查看文档打印效果。依次选择"文件"→"打印"命令,在 "打印"窗口右侧的预览区域可以查看文档打印预览效果,通过调整预览区下面的滑块改变预览视图的大小。两篇样文的预览结果如图 3-12 所示。

图 3-11　设置文字环绕方式

图 3-12　样文的预览效果

文字处理软件——Word

Office 2109 新增功能

Office 2019 新增功能

Office 2019 涵盖了 Office365 这三年以来的重磅更新，让 Office 使用者无须每年花钱订阅，也能享有这些望眼欲穿的新功能。新增功能如下。

（一）Word 篇：更方便的阅读方式

Word 最主要的新功能都偏向阅读类，主要有：模式翻页、沉浸式学习工具、语音朗读等。

1. 模式翻页

通过"视图"→"页面移动"→"翻页"命令可以开启"模式翻页"的功能（原先是默认为垂直），相当于模拟翻书的阅读体验，非常适合使用平板的用户。如果用户是使用一般计算机来开启 Word 文件，由于"翻页"后，竖直的排版会让版面缩小，而且无法调整画面的缩放，如果文档中的文字字号比较小，反而会变得难以阅读，该怎么办？可以使用"学习工具"来解决这一问题。

2. 学习工具

在 Word 2019 的新功能里，"学习工具"可说是一大亮点。通过"视图"→"沉浸式"→"学习工具"命令就可以开启"学习工具"模式。进入"学习工具"模式后，可以调整"列宽"、"页面颜色"、"文字间距"、"音节"和"朗读"，这些调整除了方便用户阅读以外，并不会影响到 Word 原

本的内容格式。结束阅读时单击"关闭学习工具"就可以退出此模式了。

- 列宽：文字内容占整体版面的范围
- 页面颜色：改变背景底色，甚至可以反转为黑底白字
- 文字间距：字与字之间的距离
- 音节：在音节之间显示分隔符，不过只针对西文显示
- 朗读：将文字内容转为语音朗读出来

3. 语音朗读

除了在"学习工具"模式中可以将文字转为语音朗读以外，用户也可以通过"审阅"→"语音"→"朗读"来开启"语音朗读"功能。开启"语音朗读"后，在画面右上角会出现一个工具栏，通过"播放"按钮可以从鼠标所在位置的文字内容开始朗读；通过"上一个/下一个"来跳转上一行或下一行朗读；也可以开启"设置"调整阅读速度或选择不同声音的语音。

（二）Excel 篇：更高效的新图表和新函数

1、漏斗图

以往要做出漏斗图，用户需要对条形图设置特别的公式，让它最终能呈现左右对称的漏斗状。而在 Excel 2019 中，只需要选中已输入好的数值，接着依序单击"插入"→"图表"→"漏斗图"，就能生成漏斗图了。

2、地图

在分析销售数据时，往往需要利用专业的软件，在地图上标以深浅不同的颜色来代表销售数。而这样的图表，在 Excel 2019 中也已经可以直接生成了。用户只需要先输入好地区（最小单位为省），并输入该地区对应的销售额，接着以"插入"→"图表"→"地图"来插入地图，

图 3-12（续）

三、实验任务

1. 为文档添加艺术字。

（1）将样文的标题文字"Office 2019 新增功能"设置为艺术字。

（2）调整艺术字的样式。

2. 为文档添加图片。

（1）选择与本文主题相符的图形对象，添加到文档的适当位置。

（2）设置图形对象的样式。

（3）设置图片文字环绕方式。

3. 预览文档排版效果。

四、思考题

1. 如何设置艺术字的文本效果？

2. 图片格式都有哪些？

3. 图片文字环绕有哪几种方式？应如何设置？

实验五　公式的应用

一、实验目的

1. 掌握在文档中插入内置公式的方法。
2. 学习公式的编辑方法。
3. 学习将编辑公式保存到公式库的方法。

二、案例

在编辑文档时,有时需要录入比较复杂的公式(如数学公式),这些公式不像常规文字的录入那样方便,下面详细说明。

1. 插入内置公式

Word 中提供了多种常用的内置公式,包括二项式定理、傅里叶级数等,用户可以直接选择内置公式插入到文档中,以提高工作效率。操作如下。

切换到"插入"选项卡,在"符号"分组中单击"公式"下拉三角按钮,在打开的内置公式列表中选择需要的公式(如"二次公式")。

提示:如果在 Word 提供的内置公式中找不到用户需要的公式,可以在公式列表中指向"Office.com 中的其他公式"选项,在打开的列表中可以找到许多高等数学中常用的公式,包括柯西积分、高斯积分等。选择所需的公式,插入文档即可。

2. 编辑公式

如果内置公式列表中没有需要的内容,用户可以自行创建公式。在"插入"选项卡的"符号"分组中直接单击"公式"按钮,(注意,并不是单击"公式"下拉三角按钮),在文档中的插入点位置将创建一个空白的公式框架,通过键盘录入或是使用"公式"选项卡的"符号"分组中的选项可以组成公式的内容。

提示:在"公式"选项卡的"符号"分组中,默认显示"基础数学"符号。除此之外,Word 还提供了希腊字母、字母类符号、运算符、箭头、求反关系运算符、几何学等多种符号供用户使用。

下面以创建"方差公式"为例,说明公式的编辑方法。

在"公式"选项卡的"结构"分组中选择适合的公式结构,如"分式"中的第一个结构样式,则选取的结构出现在空白的公式框架中,在结构框架的各个虚线框内输入具体内容,如"分子"和"分母"。这里需要注意的是如果在公式结构的后面还要输入其他内容,应将插入点光标放置在编辑框外,否则会继续输入公式的内容。本例会先后用到上下标、分式、大型运算符、括号、标注符号等结构,如图 3-13 所示。

类似于选中文本的方法,选中编辑好的公式,通过"开始"选项卡中"字体"组的"字号""加粗"等修饰命令,可以调整公式的大小。

3. 使用墨迹公式

墨迹公式指的是用户通过平板手写,或者使用鼠标手写代替录入公式。单击"公式"下

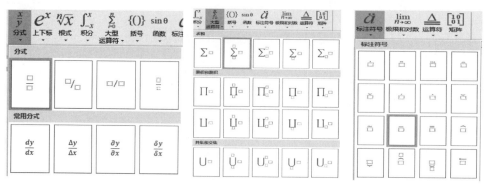

图 3-13　分式、大型运算符、标注符号等结构样式

拉列表中的"墨迹公式"命令,打开"数学输入控件"窗口,如图 3-14 所示。窗口的中间部分是用户手写公式的区域,上半部分是公式预览区域,下半部分是一组用于编辑和纠错的按钮。在手写的过程中,Word 可以精准识别并预览用户手写的内容,如果识别有误,还可以通过下方的"擦除"按钮去掉写错的内容,使用"写入"按钮重新书写,手写完成后,单击下方的"插入"按钮,即可将公式添加到文档中。

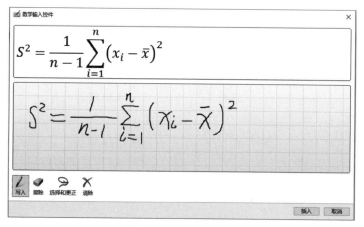

图 3-14　使用墨迹公式

4. 保存公式

用户在创建了新公式后,如果该公式今后可能经常被使用,可以将其保存到公式库中。单击需要保存到公式库中的公式使其处于编辑或选中状态,单击公式右下角的"公式选项"按钮,在打开的菜单中选择"另存为新公式"命令。打开"新建构建基块"对话框,在"名称"编辑框中输入公式名称,其他选项保持默认设置,单击"确定"按钮。

提示:保存到公式库中的自定义公式将在"公式"选项卡中"工具"分组的公式列表中看到,如图 3-15 所示。

三、实验任务

1. 利用公式编辑器创建公式,如图 3-16 所示。
2. 利用墨迹公式的方法生成公式。
3. 保存编辑好的公式。

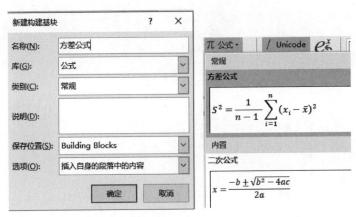

图 3-15　保存公式

$$SST = SSA + SSE \quad SST = \sum_{i=1}^{k}\sum_{j=1}^{n_i}(x_{ij} - \bar{x})^2$$

$$SSA = \sum_{i=1}^{k} n_i (\bar{x}_i - \bar{x})^2 \quad SSE = \sum_{i=1}^{k}\sum_{j=1}^{n_i}(x_{ij} - \bar{x}_i)^2$$

图 3-16　平方和分解公式

四、思考题

1. 如何创建新公式？
2. 如何保存公式？

实验六　绘制流程图

一、实验目的

1. 掌握插入文本框的方法。
2. 学习简单图形的绘制方法。
3. 学习组合图形的方法。

二、案例

1. 插入文本框

（1）插入文本框。

切换到"插入"选项卡，在"文本"分组中单击"文本框"按钮，在内置文本框面板中选择合适的文本框类型，如图 3-17 所示。单击后即在文档当前位置插入文本框，可以直接编辑文本框，输入所需文本内容。

（2）设置文本框大小。

插入文本框后，可通过单击"文本框"打开功能区，在"大小"分组中可设置文本框的高度和宽度。也可以右击文本框的边框，在弹出的快捷菜单中选择"其他布局选项"命令，打开"布局"对话框，切换到"大小"选项卡，在"高度"和"宽度"绝对值编辑框中分别输入具体数

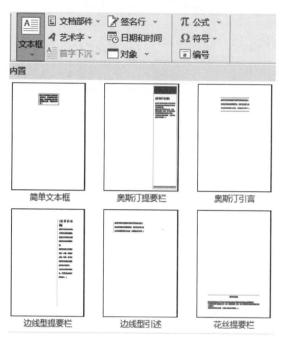

图 3-17　插入文本框

值,用于设置文本框的大小。

（3）设置文本框样式。

Word 中内置有多种文本框样式供用户选择使用,样式包括边框类型、填充颜色等项目。若要调整文本框的样式,可以在"文本框"功能区的"文本框样式"分组中单击"其他"形状样式按钮,在文本框样式面板中选择合适的文本框样式。

2. 绘制简单图形

在生活和工作中,流程图的运用非常广泛,利用它可以更快捷、清晰地表达思维逻辑,比单纯的文字说明更具说服力。图 3-18 以流程图的方式说明毕业论文的写作过程。

在 Word 文档中,利用自选图形库提供的丰富的流程图形状和连接符可以制作各种用途的流程图。

（1）新建画布。

选择"插入"选项卡,在"插图"分组中单击"形状"按钮,在打开的菜单中选择"新建画布"命令。

提示:绘制流程图时必须使用画布,如果在文档页面中直接插入形状会导致流程图之间无法使用连接符连接。

（2）绘制基本图形。

选中画布,再次单击"形状"按钮,在"流程图"类型中选择合适的形状插入到画布中。在绘制如图 3-18 所示的流程图时,需要在"流程图"类型中选择基本图形,在"线条"类型中选择合适的连接符。本例中选择"流程图"类型中的"过程",再选择"线条"类型中的"箭头"作为连接符。

与插入的图片类似,每个基本图形在选中后,周围会出现八个小圆圈(尺寸控制点),可通过单击"形状格式"打开功能区,为基本图形设置必要的属性。

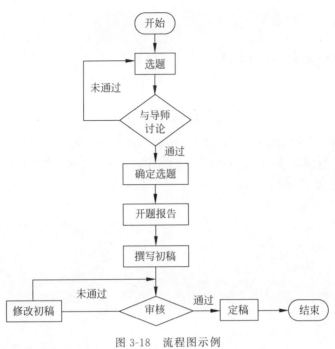

图 3-18　流程图示例

（3）添加文字。

右击准备添加文字的自选图形，在弹出的快捷菜单中选择"添加文字"命令，自选图形进入文字编辑状态，根据实际需要在图形中输入文字内容。添加文字后还可以对自选图形中的文字进行字体、字号、颜色等格式设置。

3. 图形对象的组合

如果在绘制图形时没有使用画布，而是在文档页面中直接插入各个图形，则可以借助"组合"命令将多个独立的形状组合成一个图形对象。

（1）选择多个独立图形。

在"开始"选项卡的"编辑"分组中单击"选择"按钮，并在打开的菜单中使用"选择对象"命令，将鼠标指针移动到 Word 页面中，鼠标指针呈白色鼠标箭头形状，在按住 Ctrl 键的同时单击选中所有的独立形状，即可完成对多个独立图形的选择。

（2）组合图形。

右击被选中的所有独立形状，在弹出的快捷菜单中选择"组合"命令，并在打开的下一级菜单中选择"组合"，则所有被选中的独立形状将组合成一个图形对象，可以进行整体操作，如图 3-19 所示。

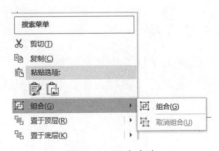

（3）取消组合。

图 3-19　组合命令

如果希望对组合对象中的某个形状进行单独操作，可以右击已组合的对象，在弹出的快捷菜单中选择"组合"命令，并在打开的下一级菜单中选择"取消组合"。

文字处理软件——Word

三、实验任务

1. 绘制如图 3-18 所示的流程图。
2. 按要求绘制程序流程图。

根据对条件的不同处理,循环结构分为如下两种:一个是"当型"循环,其含义是"在每次执行循环体前对控制循环条件进行判断,当条件满足时执行循环体,不满足则停止",因此"当型"循环有时也称为"前测试型"循环。另一个是"直到型"循环,其含义是"在执行了一次循环体之后,对控制循环条件进行判断,当条件不满足时执行循环体,满足则停止",因此"直到型"循环又称为"后测试型"循环。对同一个问题,一般来说既可以用当型,又可以用直到型。当然其流程图会有所不同。

(1) 设计计算 $S=1+2+3+\cdots+100$ 的程序流程图,用"当型"循环完成。如图 3-20 所示。

(2) 设计计算 $S=1+2+3+\cdots+100$ 的程序流程图,用"直到型"循环完成。如图 3-21 所示。

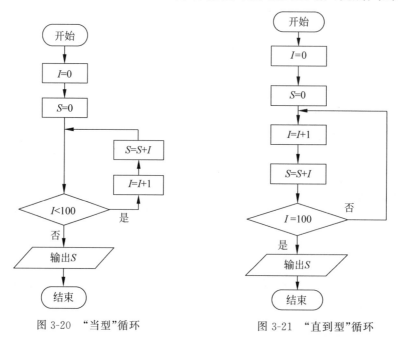

图 3-20 "当型"循环   图 3-21 "直到型"循环

四、思考题

1. 如何去除文本框的边框?
2. 绘制流程图时为什么要使用绘图画布?
3. 为什么要组合图形对象?

实验七 表格和图表编辑

一、实验目的

1. 掌握创建表格和编辑表格的方法。

2. 学习对表格中的数据进行排序和计算。

3. 掌握表格与文字相互转换的方法。

4. 学习利用表格数据生成图表，并对图表进行编辑。

二、案例

1. 在文档中插入表格

利用 Word 中的表格工具建立如表 3-1 所示的数据表。

表 3-1　学生成绩表

姓　名	高数	英语	计算机
刘小东	85	90	95
李晴天	82	78	86
胡明明	90	80	85
韩子琦	71	80	72

（1）在文档中设置插入点。

（2）切换到"插入"选项卡，在"表格"分组中单击"表格"按钮，在打开的表格列表中，拖动鼠标指针选中合适数量的行和列即可快速插入表格。

提示：通过这种方式插入的表格会占满当前页面的全部宽度，用户可以通过修改表格属性设置表格的尺寸。也可以选择"插入表格"命令，打开插入表格对话框，在"表格尺寸"区域分别设置表格的行数和列数。

（3）按照表 3-1 中所示内容，在各单元格中输入信息。

2. 编辑表格

（1）用鼠标选取表格的部分或全部内容。

参照表 3-1 中的信息，若选取姓名为"刘小东"的单元格，将鼠标指针移到该单元格左下角，指针变成右箭头时单击鼠标，或将插入点移到该单元格中均可选取单元格。

将鼠标指针移动到表格左边，当鼠标指针呈向右指的白色箭头形状时，单击可以选中整行。如果按下鼠标左键向上或向下拖动鼠标指针，则可以选中多行。将鼠标指针移动到表格顶端，当鼠标指针呈向下指的黑色箭头形状时，单击鼠标可以选中整列。如果按下鼠标左键向左或向右拖动鼠标指针，则可以选中多列。

如果需要设置表格属性或删除整个表格，首先需要选中整个表格。将鼠标指针从表格上划过，然后单击表格左上角的全部选中按钮即可选中整个表格，或者可以通过在表格内部拖动鼠标指针选中整个表格。

除了上述利用鼠标操作选取表格对象外，还可以使用命令实现该操作，操作如下：在"表格工具"功能区中选择"布局"选项卡，单击"表"分组中的"选择"按钮，在打开的下拉列表中可选择需要的表格对象，包括单元格、行、列和表格。

（2）在表格中插入单元格、行、列。

例如，需要在表 3-1 中的最右侧插入新的一列，标题为"总分"，在最后一行的下面插入新的一行，第一个格中填写"平均分"。应在准备插入行或者列的相邻单元格中右击，然后在弹出的快捷菜单中选择"插入"命令，并在打开的下一级菜单中选择"在左侧插入列""在右侧插入列""在上方插入行""在下方插入行""插入单元格"。

用户还可以在"表格工具"功能区进行插入行或插入列的操作。在准备插入行或列的相邻单元格中单击,然后在"表格工具"功能区中选择"布局"选项卡,在"行和列"分组中根据实际需要单击插入行或列的命令,与快捷菜单中指向"插入"功能相同。

（3）调整表格、行、列及单元格的大小。

将鼠标指针移到表格上,用鼠标拖动"表格缩放手柄"即可调节整个表格的大小,各单元格的大小均随之调整;鼠标拖动"移动行标记"或"移动列标记"则可以调整列宽与行高。

若要精确设置行、列或单元格的大小时,可以在"表格工具"功能区的"布局"选项卡中单击"表"分组中的"属性"按钮,即可打开"表格属性"对话框,在该对话框中可在"表格""行""列""单元格""可选文字"等选项卡中进行精确设置,如图 3-22 所示。

图 3-22 "表格属性"对话框

3. 修饰表格

（1）设置表格边框。

在"表格工具"功能区中选择"表设计"选项卡,在"边框"分组中分别设置边框样式、笔画粗细和笔颜色,单击"边框"下拉三角按钮,在打开的边框菜单中设置边框的显示位置即可。Word 边框显示位置包含多种设置,例如上框线、所有框线、无框线等,如图 3-23 所示。

（2）设置表格底纹图案。

在表格中选中需要设置底纹图案的一个或多个单元格。在"表格工具"功能区中选择"表设计"选项卡,然后单击"边框"组右下方的箭头按钮,即可打开"边框和底纹"对话框。在对话框中切换到"底纹"选项卡,在"图案"区域单击"样式"下拉三角按钮,在列表中选择一种样式;单击"颜色"下拉三角按钮,选择合适的底纹颜色,并单击"确定"按钮,如图 3-24 所示。

图 3-23 边框列表

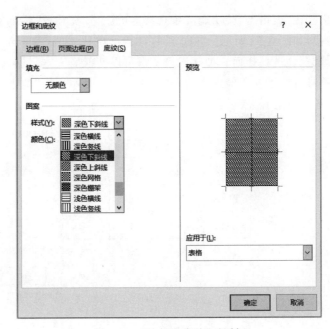

图 3-24 "边框和底纹"对话框

4. 表格与文字的相互转换

（1）文字转换为表格。

给要进行转换的文本添加段落标记和分隔符（逗号、空格、制表位）。选取要进行转换的文本，切换到"插入"选项卡，在"表格"分组中单击"表格"按钮，在打开的菜单中选择"文本转换成表格"命令，打开对话框，如图 3-25 所示。确认各项设置均合适，并单击"确定"按钮。返回 Word 文档窗口，可以看到转换好的表格。

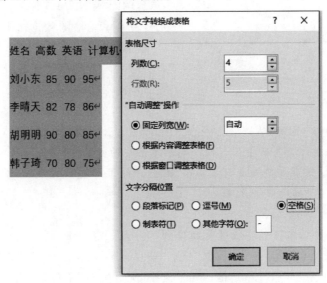

图 3-25 "将文字转换成表格"对话框

（2）表格转换为文字。

选中需要转换为文本的单元格，如果需要将整张表格转换为文本，则只需单击表格任意单元格。在"表格工具"功能区中选择"布局"选项卡,然后单击"数据"分组中的"转换为文本"按钮,如图 3-26 所示。在打开的对话框中选中"段落标记""制表符""逗号"或"其他字符"单选框。选择任何一种标记符号都可以转换成文本,只是转换生成的排版方式或添加的标记符号有所不同。最常用的是"段落标记"和"制表符"两个选项。选中"段落标记"为分隔符时,还可以选择"转换嵌套表格"的复选框,将嵌套表格中的内容同时转换为文本。

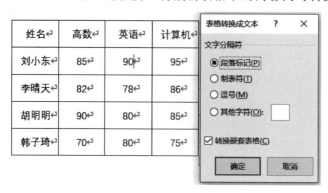

图 3-26　表格转换成文本

5. 表格数据的排序与计算

（1）表格计算。

计算表 3-1 中每位学生的平均成绩和各科成绩的总和。将指针定位于存放结果的单元格中,在"表格工具"功能区的"布局"选项卡中单击"数据"分组中的"fx 公式"按钮。打开"公式"对话框,"公式"编辑框中会根据表格中的数据和当前单元格所在位置自动推荐一个公式,例如"＝SUM(LEFT)"是指计算当前单元格左侧单元格的数据之和。用户可以单击"粘贴函数"下拉三角按钮选择合适的函数,例如平均数函数 AVERAGE、计数函数 COUNT等,如图 3-27 所示。其中公式中括号内的参数包括四个,分别是左侧(LEFT)、右侧(RIGHT)、

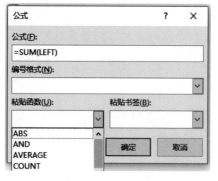

图 3-27　"公式"对话框

上面(ABOVE)和下面(BELOW)。完成公式的编辑后单击"确定"按钮即可得到计算结果。

注意：一次只能计算表格中一行或一列单元格中的数据,对多行或多列数据计算时,需反复操作。计算后,若原始数据进行了修改,则合计结果不会随之改变,需将指针置于计算结果处,按 F9 键,可更新数据域结果。

（2）表格排序。

将表 3-1 的计算结果按平均成绩重新排列。将光标定位于表格中,在"表格工具"功能区中选择"布局"选项卡,然后单击"数据"分组中的"排序"按钮。在打开的"排序"对话框中,在"列表"区域选中"有标题行"单选框。如果选中"无标题行"单选框,则表格中的标题也会参与排序。在"主要关键字"区域,单击关键字下拉三角按钮,选择排序依据的主要关键字。选中"升序"或"降序"单选框设置排序的顺序类型。对于表 3-1 的计算结果,可以按照各行"总分"的值进行"降序"排列,如图 3-28 所示。经过计算与排序后的内容见表 3-2。

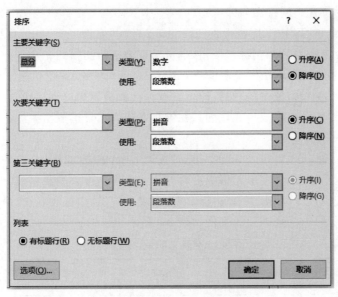

图 3-28 "排序"对话框

表 3-2 计算与排序后的学生成绩表

姓　名	高数	英语	计算机	总分
刘小东	85	90	95	270
胡明明	90	80	85	255
李晴天	82	78	86	246
韩子琦	70	80	75	225
平均分	81.75	82	85.25	249

提示：排序前，应先选中参与排序的数据。如本例中，除最后一行"平均分"不参与排序以外，其他各行数据均应选中。若将指针定位于表格中的任意位置，则表示不选择指定数据，表格中的所有数据均会参与排序。

6. 单元格的合并与拆分

（1）合并单元格。

选中准备合并的两个或两个以上的单元格，右击，在弹出的快捷菜单中选择"合并单元格"命令。也可以在"表格工具"功能区中选择"布局"选项卡，在"合并"分组中单击"合并单元格"按钮。

（2）拆分单元格。

右击准备拆分的单元格，在弹出的快捷菜单中选择"拆分单元格"命令，在打开的对话框中，分别设置要拆分成的列数和行数，并单击"确定"按钮。也可以在单击准备拆分的单元格后，在"表格工具"功能区中选择"布局"选项卡，然后在"合并"分组中单击"拆分单元格"按钮，同样可以在打开的对话框中进行设置。

7. 手工绘制表格

（1）通过绘制表格功能自定义插入的表格。

切换到"插入"选项卡，在"表格"分组中单击"表格"按钮，并在打开的表格菜单中选择"绘制表格"命令，鼠标指针呈现铅笔形状，按住鼠标左键，在 Word 文档中拖动鼠标绘制表格边框,在适当的位置绘制行和列即可。

完成表格的绘制后,按下键盘上的 Esc 键,或者在"表格工具"功能区的"布局"选项卡中,单击"绘图"分组中的"绘制表格"按钮,也可结束表格绘制状态。

如果在绘制表格的过程中需要删除某行或某列,在"表格工具"功能区的"布局"选项卡中,单击"绘图"分组中的"橡皮擦"按钮即可。鼠标指针呈现橡皮擦形状,在特定的行或列线条上拖动鼠标左键即可删除该行或该列。在键盘上按下 Esc 键取消擦除状态。

(2)绘制斜线表头。

单击选择单元格,在"表格工具"的"布局"选项卡中,单击"绘图"分组中的"绘制表格"按钮,鼠标指针呈现铅笔形状,在单元格中沿着对角线处拖动可以绘制斜线。

可通过在"表设计"选项卡中的"边框"下拉列表中选择"边框和底纹"命令,打开对话框,对表格的边框进行修饰。修饰后的表格如表 3-3 所示。

表 3-3　修饰后的学生成绩表

课程 姓名	高数	英语	计算机	总分
刘小东	85	90	95	270
胡明明	90	80	85	255
李晴天	82	78	86	246
韩子琦	70	80	75	225
平均分	81.75	82	85.25	249

8. 利用表格数据生成图表

图表是利用图像比例表现数值大小的图形,通过图表可以清晰直观地反映出数值之间的对应关系。

(1)选择图表类型。

将插入点定位到要插入图表的位置,在文档中切换到"插入"选项卡。在"插图"分组中单击"图表"按钮,打开"插入图表"对话框,在左侧的图表类型列表中选择需要创建的图表类型,在右侧图表子类型列表中选择合适的图表,并单击"确定"按钮。

(2)编辑数据生成图表。

系统会同时打开 Word 窗口和 Excel 窗口。首先需要在 Excel 窗口中编辑图表数据,可以通过复制 Word 表格中的数据并粘贴到 Excel 表格中,根据需要修改系列名称和类别名称,并编辑数据。在编辑 Excel 表格数据的同时,Word 窗口中将同步显示图表结果。完成 Excel 表格数据的编辑后关闭 Excel 窗口,在 Word 窗口中可以看到创建完成的图表。如图 3-29 所示。

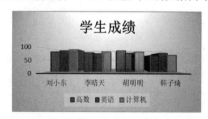

图 3-29　生成图表示例

(3)修改图表。

生成的图表与插入到文档中的图片一样可以编辑、调整。选中图表后,会出现"图表工具",在"图表设计"中,可以更改图表类型、选择图表样式、添加图表元素、调整图表布局;在"格式"中,可将图表如同其他图片一样设置格式。

9. 利用表格制作简历

简历是求职时普遍使用的一种书面材料，表格式简历能方便地让用人单位快速了解求职人员的基本情况。

(1) 建立表格式简历。

切换到“插入”选项卡，在“表格”分组中单击“表格”按钮，在打开的表格列表中，根据需要拖动鼠标指针选中合适数量的行和列，在文档中快速插入表格。也可以通过“绘制表格”命令依次绘制表格的行线和列线，完成表格式简历框架的绘制。

(2) 编辑表格式简历。

对于表格式简历的编辑主要包含以下内容：选择对齐方式、调整行高与列宽、单元格的拆分或合并、设置边框与底纹等，操作情况详见本实验前述内容。

(3) 查看简历制作效果。

根据实际需要设计好表格式简历，编辑后的简历表如图 3-30 所示。

个人简历

<table>
<tr><td colspan="6">基本信息</td><td rowspan="5">照片</td></tr>
<tr><td>姓名</td><td></td><td>年龄</td><td></td><td>性别</td><td></td></tr>
<tr><td>籍贯</td><td></td><td>民族</td><td></td><td>政治面貌</td><td></td></tr>
<tr><td>手机号码</td><td colspan="2"></td><td>电子邮箱</td><td colspan="2"></td></tr>
<tr><td>现居地址</td><td colspan="5"></td></tr>
<tr><td colspan="7">学习情况</td></tr>
<tr><td colspan="2">起止日期</td><td colspan="3">院校名称</td><td>所学专业</td><td>学历</td></tr>
<tr><td colspan="2"></td><td colspan="3"></td><td></td><td></td></tr>
<tr><td colspan="2"></td><td colspan="3"></td><td></td><td></td></tr>
<tr><td colspan="7">个人实践经历</td></tr>
<tr><td colspan="2">起止日期</td><td colspan="3">工作单位</td><td colspan="2">担任职位</td></tr>
<tr><td colspan="2"></td><td colspan="3"></td><td colspan="2"></td></tr>
<tr><td colspan="2"></td><td colspan="3"></td><td colspan="2"></td></tr>
<tr><td colspan="7">所获奖项情况</td></tr>
<tr><td colspan="7"></td></tr>
<tr><td colspan="7">自我评价</td></tr>
<tr><td colspan="7"></td></tr>
<tr><td>备注</td><td colspan="6"></td></tr>
</table>

图 3-30 表格式简历示例

三、实验任务

1. 创建表格。

(1) 设计一张职工工资表，包含职工号、姓名、部门、岗位工资、薪级工资、岗贴、职贴、税金、公积金、实发工资等项目。

(2) 为工资表输入原始数据。

2. 表格操作。

(1) 计算“实发工资”。实发工资＝岗位工资＋薪级工资＋岗贴＋职贴－税金－公积金。

（2）表格排序。按部门升序排列，同部门职工按实发工资降序排列。

3. 根据表格数据生成图表，尝试生成柱形图、折线图、饼图等几种不同类型的图表。

四、思考题

1. 如何设计自定义表格？

2. 表格排序中"有标题行"和"无标题行"有什么不同？

3. 常用的几种图表类型适合表达何种数据信息？它们之间有什么不同？

4. 如何利用表格制作简历？

实验八　邮件合并

一、实验目的

1. 了解邮件合并的概念。

2. 掌握邮件合并的应用方法。

二、案例

1. 利用邮件合并功能制作会议通知

（1）建立主文档。

主文档是用来存放批量邮件中固定内容的文档。下面以编辑"会议通知"为例说明。主文档内容如下。

×××：

兹定于2022年12月20日在第一办公楼205会议室召开本学院课程建设交流研讨会，敬请出席。

学院办公室

2022年12月15日

（2）编辑数据源文档。

数据源是用于存放邮件中需要变化的内容。合并时Word会将数据源中的内容插入到主文档的合并域中，这样就可以产生以主文档为模本的不同文本内容。

① 自定义地址列表字段。

切换到"邮件"选项卡，如图3-31所示。在"开始邮件合并"中单击"选择收件人"按钮，在打开的菜单中选择"键入新列表"命令，然后在打开的对话框中选择"自定义列"命令，在"自定义地址列表"对话框中，根据需要在常用字段名中添加、删除或重命名地址列表字段，还可以通过"上移"或"下移"按钮改变字段顺序。完成设置后单击"确定"按钮。本例应添加"姓名"和"职务/职称"两个字段，如图3-32所示。

② 输入联系人记录。

在打开的"新建地址列表"对话框中，根据实际情况输入第一条记录的内容。完成后，单击"新建条目"按钮。可根据需要添加多个收件人条目，添加完成后单击"确定"按钮，如图3-33所示。接着打开保存通讯录对话框，在"文件名"编辑框输入通讯录文件名称，选择合适的保存位置,并单击"保存"按钮。

图 3-31 "邮件"功能区

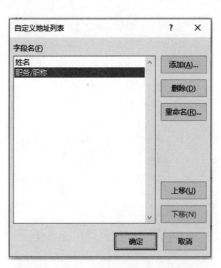

图 3-32 "自定义地址列表"对话框

图 3-33 "新建地址列表"对话框

(3)向主文档插入合并域。

① 插入合并域。插入合并域可以将数据源引用到主文档中。首先将插入点光标移动到需要插入域的位置,切换到"邮件"选项卡,在"编写和插入域"分组中单击"插入合并域"按钮,在域列表中选中合适的域,即可完成插入域的操作,效果如图 3-34 所示。在"预览结果"分组中单击"预览结果"按钮可以预览完成合并后的结果。

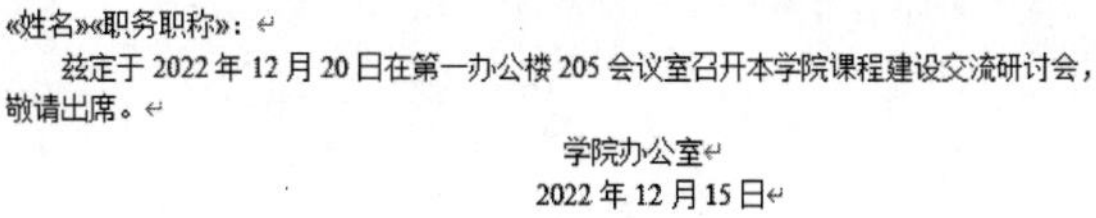

«姓名»«职务职称»:
兹定于 2022 年 12 月 20 日在第一办公楼 205 会议室召开本学院课程建设交流研讨会,敬请出席。

学院办公室
2022 年 12 月 15 日

图 3-34 在主文档中插入域

② 使用"规则"插入称谓。如果数据源文档中有"性别"字段但是没有直接提供称谓字段时,可以通过邮件合并的规则将性别字段转换为相应的称谓。单击"规则"按钮,在打开的下拉列表中选择"如果…那么…否则…",将域名选择为性别,在比较对象文本框中,输入所要比较的信息,在下方的两个文本框中,依次输入先生和女士,通过该对话框我们可以很容易的了解到:如果当前人员的性别为男,则在其姓名后方插入文字"先生",否则插入文字"女士",如图 3-35 所示。

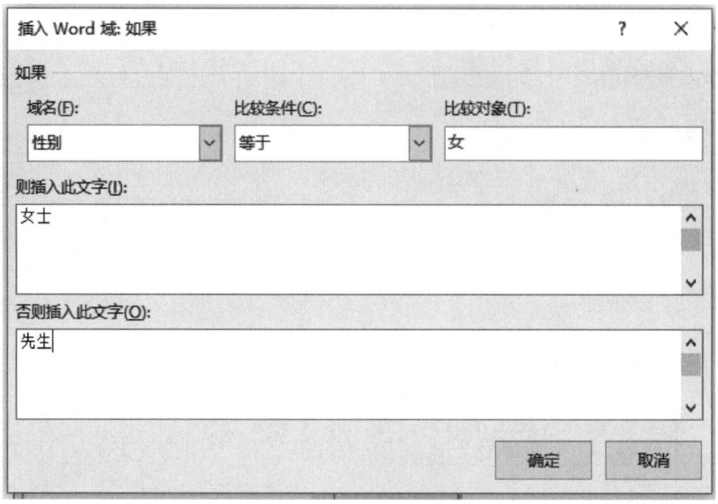

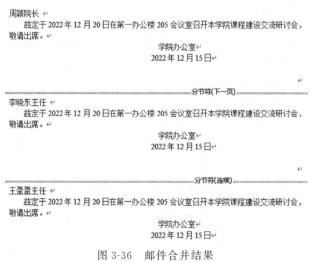

图 3-35 应用"规则"示例

（4）完成并生成多个文档。

在文档插入了合并域后,为了确保制作的文档正确无误,在最终合并前应该先预览一下结果。单击"查看下一个结果"按钮可以看到合并后的其他内容。在确认文档正确无误后,就可以对文档完成最终的制作了。在"完成"选项组中单击"完成并合并"按钮,在随后打开的下拉列表中选择"编辑单个文档",此时可以选择合并所有的记录或者选择记录范围（如合并全部记录）,直接单击"确定"即可。如图 3-36 所示是在草稿视图下看到的合并结果。

周颖院长
　　兹定于 2022 年 12 月 20 日在第一办公楼 205 会议室召开本学院课程建设交流研讨会,
敬请出席。
　　　　　　　　　　　　　　　学院办公室
　　　　　　　　　　　　　　　2022 年 12 月 15 日

———————————————分节符(下一页)———————————————

李晓东主任
　　兹定于 2022 年 12 月 20 日在第一办公楼 205 会议室召开本学院课程建设交流研讨会,
敬请出席。
　　　　　　　　　　　　　　　学院办公室
　　　　　　　　　　　　　　　2022 年 12 月 15 日

———————————————分节符(连续)———————————————

王盈盈主任
　　兹定于 2022 年 12 月 20 日在第一办公楼 205 会议室召开本学院课程建设交流研讨会,
敬请出席。
　　　　　　　　　　　　　　　学院办公室
　　　　　　　　　　　　　　　2022 年 12 月 15 日

图 3-36 邮件合并结果

提示：在选择"选择收件人"时，除了选择"键入新列表"建立新的数据源以外，还可以选择"使用现有列表"。在打开的"选择数据源"对话框中，Word 文档、Access 数据库、Excel 文件等均可以作为数据源。

2. 制作信封

新建一个 Word 文档，选择"邮件"选项卡，接着单击"创建"功能区的"中文信封"按钮，即可调用"信封制作向导"，按照向导依次操作：选择信封样式，选择生成信封的方式和数量，再输入收信人信息、寄信人信息，即可完成制作信封，对生成的文档进行相应的保存操作，如图 3-37 和图 3-38 所示。

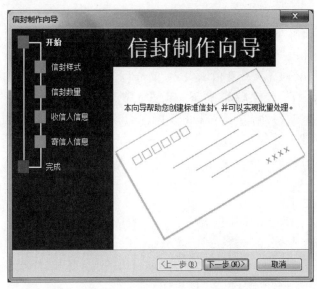

图 3-37　"信封制作向导"对话框

另外，用户可以使用"邮件合并向导"命令，该功能用于帮助用户在文档中完成信函、电子邮件、信封、标签或目录的邮件合并工作，采用分步完成的方式进行，因此更适用于邮件合并功能的普通用户。

3. 使用邮件合并向导

"邮件合并向导"用于帮助用户在 Word 文档中完成信函、电子邮件、信

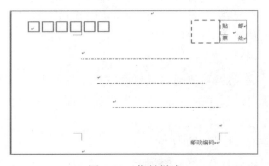

图 3-38　信封样式

封等邮件合并工作，采用分步完成的方式进行，适用于邮件合并功能的普通用户。下面以使用"邮件合并向导"创建邮件合并信函为例，操作如下。

（1）打开 Word 文档窗口，切换到"邮件"选项卡。在"开始邮件合并"分组中单击"开始邮件合并"按钮，在打开的菜单中选择"邮件合并分步向导"命令。

（2）打开"邮件合并"任务窗格，窗格底部可看到"第 1 步，共 6 步"字样。在"选择文档类型"向导页选中"信函"单选框，并单击"下一步：开始文档"。

（3）在打开的"选择开始文档"向导页中，选中"使用当前文档"单选框，并单击"下一步：

选择收件人"。

（4）打开"选择收件人"向导页，可以选择"使用现有列表"、"从 Outlook 联系人中选择"以及"键入新列表"单选框。以选择"从 Outlook 联系人中选择"为例，单击"选择联系人文件夹"。

（5）在打开的选择配置文件对话框中选择事先保存的 Outlook 配置文件，然后单击"确定"按钮。打开"选择联系人"对话框，选中要导入的联系人文件夹。

（6）在打开的"邮件合并收件人"对话框中，根据需要取消选中联系人。如果要合并所有收件人，单击"确定"按钮。

（7）返回文档窗口，在"邮件合并"任务窗格"选择收件人"向导页中单击"下一步：撰写信函"。

（8）打开"撰写信函"向导页，将插入点光标定位到文档顶部，然后根据需要单击"地址块""问候语"等超链接，并根据需要撰写信函内容。撰写完成后单击了"下一步：预览信函"。

（9）在"预览信函"向导页查看信函内容，单击"上一个"或"下一个"按钮可以预览其他联系人的信函。确认没有错误后单击"下一步：完成合并"超链接。

（10）在"完成合并"向导页，用户既可以单击"打印"开始打印信函，也可以单击"编辑单个信函"对个别信函进行再编辑。

三、实验任务

1. 批量制作学生成绩单。

（1）建立主文档：学生卡中应包括院系、学号、姓名、课程等信息。

（2）添加数据源。

将数据源信息存放在某个 Word 文件或 Excel 文件中，在"选择收件人"下拉列表中选择"使用现有列表"，找到数据源，单击"打开"按钮。

（3）插入域。

在"插入合并域"下拉列表中直接填充院系信息、学号信息、姓名以及课程成绩等信息，在右侧的空白区域将图片信息以域的形式插入进来，这样邮件合并的工作就基本完成了。

（4）预览结果。

完成后，可以通过预览的方式来查看最终的显示结果。在预览结果选项组中单击"预览结果"按钮，通过该练习，可以看到邮件合并不仅可以将文字信息加载，图片信息也同样可以被整合到创建的批量文档中。

（5）整合到单个文档。

将邮件合并的结果整合到一个单一的 Word 文档中进行打印或者分发。在"完成"选项组中单击"完成并合并"按钮，在打开的下拉列表中选择"编辑单个文档"命令，此时可以选择合并所有的记录或者选择记录范围，单击"确定"按钮即可。

2. 制作信封。

利用"信封制作向导"制作信封。

四、思考题

1. 邮件合并有什么作用？

2. 数据源有哪几种常用形式？

实验九　添加目录

一、实验目的

1. 学习样式的应用方法。
2. 学习生成目录的方法。

二、案例

1. 建立新样式

设置复杂的文档格式步骤比较烦琐,而样式是应用于文档中的文本、表格和列表的一套格式特征,可以快速改变文档的外观。

(1) 打开 Word 文档窗口,在"开始"选项卡的"样式"分组中单击"显示样式窗口"按钮,在样式窗格中单击"创建样式"按钮,打开"根据格式化设置创建新样式"对话框,在"名称"编辑框中输入新建样式的名称,单击"修改"按钮,进入下一层对话框。

(2) 单击"样式类型"下拉三角按钮,选择一种样式类型,在"样式基准"下拉列表中,选择 Word 中的某一种内置样式作为新建样式的基准样式,在"后续段落样式"下拉列表中选择新建样式的后续样式。在"格式"区域,根据实际需要设置字体、字号、颜色、段落间距、对齐方式等段落格式和字符格式。系统默认选项是将新创建的样式"添加到样式库"以及"仅限此文档",如果希望该样式应用于所有文档,则需要选中"基于该模板的新文档"。设置完毕单击"确定"按钮即可。

2. 应用样式

在 Word 的样式窗格中可以显示出全部的样式列表,可以对样式进行比较全面的操作。

(1) 选中需要应用样式的段落或文本块。在"开始"选项卡的"样式"分组中单击"显示样式窗口"按钮,在打开的如图 3-39 所示的"样式"任务窗格中单击"选项"按钮,打开如图 3-40 所示的"样式窗格选项"对话框,在"选择要显示的样式"下拉列表中选择"所有样式"命令,并单击"确定"按钮。

(2) 返回样式窗格,可以看到已经显示出所有的样式。选中"显示预览"复选框可以显示所有样式的预览。

(3) 在所有样式列表中选择需要应用的样式,即可将该样式应用到被选中的文本块或段落中。例如,标题1、标题2、标题3、正文,可以看到文档中的不同部分已经应用相应的样式。

3. 添加文档目录

(1) 使用导航窗格。

在添加目录之前,可通过"导航"窗格查看文档标题的层级结构。切换到"视图"选项卡,在"显示"组的命令中勾选"导航窗格"。这时窗口左侧展现出"导航"窗格,显示出当前文档中所有有可以纳入目录的标题。

(2) 添加目录。

把光标定位到需放置目录的位置,切换到"引用"选项卡,在"目录"组中单击"目录"按钮,在下拉列表中既可以选择目录样式,也可以使用"自定义目录"功能,在"目录"对话框中根据需要设置"显示级别",一般可选择3级,如图 3-41 所示。单击"确定"按钮即可完成目录的添加。

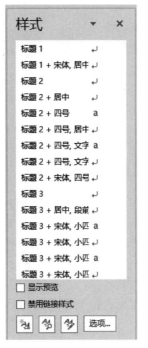

图 3-39 样式任务窗格

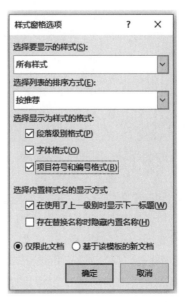

图 3-40 "样式窗格选项"对话框

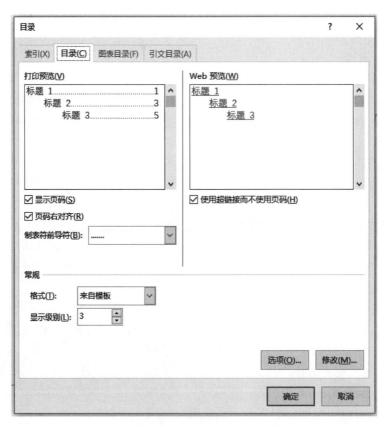

图 3-41 "目录"对话框

4. 更新目录

（1）鼠标指针移到目录区左侧，当呈现Ⅰ形状时，单击鼠标，选取目录内容。

（2）按 F9 键或者在目录按钮组单击"更新目录"，打开"更新目录"对话框，如图 3-42 所示。在只更新页码和更新整个目录两个单选按钮中选择其中一个。

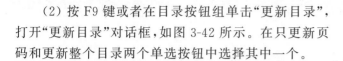

图 3-42 "更新目录"对话框

三、实验任务

1. 选择一篇论文，按照以下要求对论文排版。

（1）题目页格式。

"题目：……"用二号宋体字加粗居中，间距段前设为"5 行"，段后为"10 行"；"院系""专业""学生姓名""导师姓名""导师职称"均用三号楷体字居中，"班级""学号"均用三号 Times New Roman 字体居中，填写内容须加下画线并对齐，行距为"1.5 倍行距"。

（2）摘要格式。

中文摘要："摘要"用四号宋体加粗居中加"【】"括号，上下间距为：段前 1 行，段后 1 行；"关键词："用四号宋体加粗居左空两字；关键词用小四号宋体；中文摘要正文用小四号宋体，行距为固定值 20 磅。

英文摘要："Abstract"用四号 Times New Roman 字体加粗居中加"【】"括号，上下间距为：段前 1 行，段后 1 行。"Key words："用四号 Times New Roman 字体加粗居左空两字；关键词用小四号 Times New Roman 字体。

（3）目录格式。

目录按不多于三级标题编写，要求层次清晰，且要与正文标题一致。主要包括绪论、正文主体、结论、致谢、主要参考文献及附录等。"目录"两字，采用三号宋体加粗，居中；上下间距为：段前 1 行，段后 1 行。目录字体用小四号宋体，行距为固定值 20 磅。

（4）标题格式。

一级标题用三号宋体字加粗，上下间距为：段前 1 行，段后 1 行。

二级标题用四号宋体字加粗，上下间距为：段前 0.5 行，段后 0.5 行。

三级标题用小四号宋体字加粗，行距为固定值 20 磅。

四级标题用小四号宋体字，行距为固定值 20 磅。

（5）正文格式。

正文采用小四号宋体字打印，行距为固定值 20 磅。正文的页眉用五号字设置，页眉内容为"××××届毕业论文（设计）"字样，居中设置；在每页的右下角标明页号（页号从正文开始标起）。

（6）论文中插入的图表格式。

图的编号由"图"和从 1 开始的阿拉伯数字组成，图较多时，也可分章编号。图题置于图的编号之后，与编号之前空一格排写。图的编号和图题置于图下方的居中位置，字体采用 5 号宋体。

表的编号由"表"和从 1 开始的阿拉伯数字组成，表较多时，也可分章编号。表题置于表的编号之后，与编号之前空一格排写。表的编号和表题置于表上方的居中位置，字体采用 5 号宋体。

2. 自动生成论文目录。

四、思考题

1. 在对文档的排版中"样式"有什么作用？
2. 如何自动生成目录？

实验十　使用脚注和尾注

一、实验目的

1. 学习脚注的使用方法。
2. 学习尾注的使用方法。

二、案例

1. 使用脚注

脚注和尾注都可用于对文档的内容进行注释或标明引文出处，不同的是，脚注位于当前页的底部，尾注则位于文档的结尾处。

（1）插入脚注。

将光标定位到需要插入脚注的位置，切换到"引用"选项卡，单击"脚注"分组中的"插入脚注"按钮。

（2）输入脚注内容。

此时在页面底部出现脚注分隔线和脚注编号，在此处输入脚注的内容。按照同样的方法，可以在本页继续按需要插入脚注，如图 3-43 所示。

右击脚注的小数字"1"，在如图 3-44 所示的快捷菜单中选择"便签选项"命令，可以打开如图 3-45 所示的"脚注和尾注"对话框，在编号格式中可以选择需要的编号形式。

图 3-43　插入脚注示例　　　图 3-44　脚注快捷菜单　　　图 3-45　"脚注和尾注"对话框

（3）删除脚注。

在文档中选中有脚注编号的位置，使用键盘上 Delete 键即可删除脚注编号，同时该编号对应的脚注内容也被删除。

提示：选中的是正文中的脚注编号，而不是页脚位置的脚注内容。

2. 使用尾注

为文档添加参考文献时，有时需要文章引用部分有角标，尾部列出对应参考文献，这就是尾注式。

（1）插入尾注。

插入尾注的方式与脚注类似。将光标定位到需要加入尾注的文字后面，使用"引用"选项卡"脚注"分组中的"插入尾注"命令，此时会自动跳到文档的尾部，在此处可以输入尾注的内容。

（2）显示尾注内容。

在插入脚注或尾注后，将鼠标指针指向文档中的标号，即可在标号位置显示对应的脚注或尾注内容。

三、实验任务

1. 为实验九中已排版的论文添加参考文献。
2. 在论文中添加脚注和尾注。

四、思考题

1. 脚注和尾注有什么区别？
2. 如何改变脚注和尾注的编号格式？

第4章 | 表格处理软件——Excel

实验一　Excel 2019 的基本操作

一、实验目的

1. 掌握 Excel 的启动和退出，熟悉 Excel 窗口的组成。
2. 熟练掌握 Excel 制表的基本方法。
3. 熟悉 Excel 工作表的基本编辑操作。

二、案例

1. Excel 2019 应用软件的启动

选择"开始"→"所有程序"→"Microsoft Office"→"Microsoft Excel 2019"命令，进入如图 4-1 所示的 Excel 窗口界面。

图 4-1　Excel 窗口界面

2. 工作簿的创建

按如下步骤，创建名为"人事资料表.xlsx"的工作簿，如图 4-2 所示。创建时注意输入技巧的使用，"奖金""应发工资""税金""实发工资"等列保持空白，待后面用公式、函数等来计算填充。将该文件保存在"练习"文件夹中。

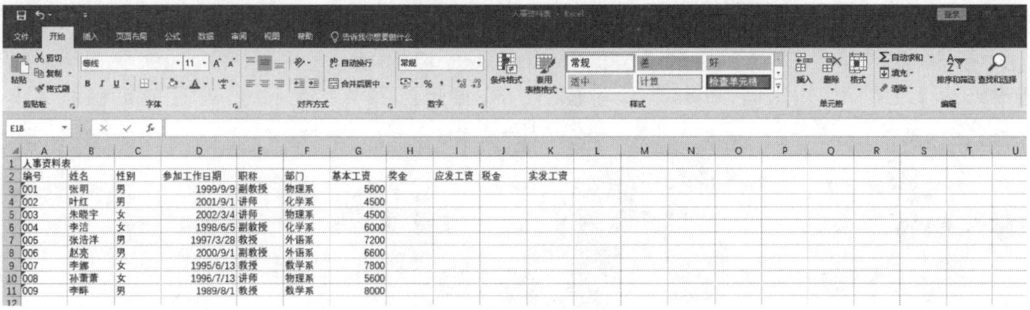

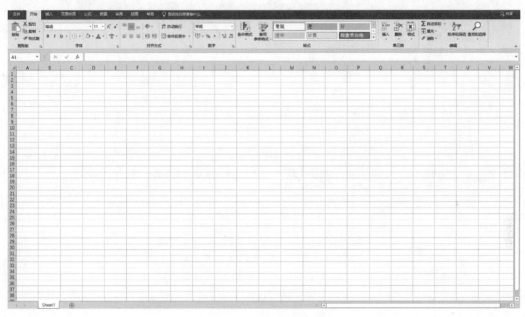

图 4-2 "人事资料表"界面

（1）创建工作簿。

在图 4-1 中单击"空白工作簿"，创建一新工作簿"工作簿 1"。单击进入如图 4-3 所示的 Excel 工作界面。

图 4-3 Excel 工作界面

（2）激活单元格。

在输入数据时，需要激活单元格。单击指定的单元格，激活指定的单元格；按 Tab 键可横向激活单元格，按 Enter 键可纵向激活单元格。

（3）输入表名和标题名。

单击 A1 单元格，输入表名，表名长度超过单元格的宽度时，单元格边界被表名覆盖。单击第 2 行，单击 A2 单元格，依次输入"编号""姓名"……等各列标题。

（4）输入"编号"列。

"编号"列为文本型，因此应在英文标点符号状态下输入一个单引号"'"，再输入"001"，然后选中 A3 单元格，将鼠标指针移动到填充柄上，当鼠标指针变成一个粗黑色实心十字型时，拖动填充柄将自动生成"002"～"009"。

（5）输入"工作日期"。

Excel 2019 默认的日期输入格式是"YY-MM-DD"。

提示：如果想得到"∗∗ 年 ∗∗ 月 ∗∗ 日"的格式，则应先按"YY-MM-DD"输入日期，然后选中 D3:D11 单元格，选择"开始"→"字体"命令，打开如图 4-4 所示的"设置单元格格式"对话框，在"数字"选项卡的"分类"列表框中选择"日期"，并在"类型"列表框中选择"2012 年 3 月 14 日"项即可，从"单元格格式"对话框中可看到，日期和时间有数十种格式，只要输入的数据被系统认定为"日期和时间型"，就可方便地在这数十种显示类型之间转换。

图 4-4　"设置单元格格式"对话框

（6）保存工作簿。

工作表输入完毕后，选择"文件"→"保存"命令，在打开的"另存为"对话框中选择"保存位置"右侧的向下箭头，选择保存位置（练习）。在"文件名"编辑框中输入"人事资料表"，单击"保存"按钮即可。

提示：这里保存的文件"人事资料表.xlsx"是工作簿，一个工作簿中含有若干工作表，本例如图 4-3 所示，数据是在 Sheet1 工作表中。

3. 打开保存在外存储器上的工作簿

打开保存在"练习"文件夹中名为"人事资料表.xlsx"的工作簿。

（1）启动 Excel 2019，选择"开始"→"所有程序"→"Microsoft Office"→"Microsoft Excel 2019"命令，进入如图 4-1 所示的 Excel 窗口界面。

（2）单击"打开其他的工作簿"，在打开的"打开"对话框的"查找范围"区域选择"练习"文件夹，并在下面的列表框中选择待打开的文件"人事资料表.xlsx"。

(3) 单击“打开”按钮。

提示：也可以在“计算机”或“资源管理器”中找到“练习”文件夹，双击该文件夹中的“人事资料表.xlsx”文件打开。

三、实验任务

工作簿的创建：在“练习”文件夹中创建“员工工资表.xlsx”，在Sheet1工作表中输入图4-5所示内容，并完成以下操作。

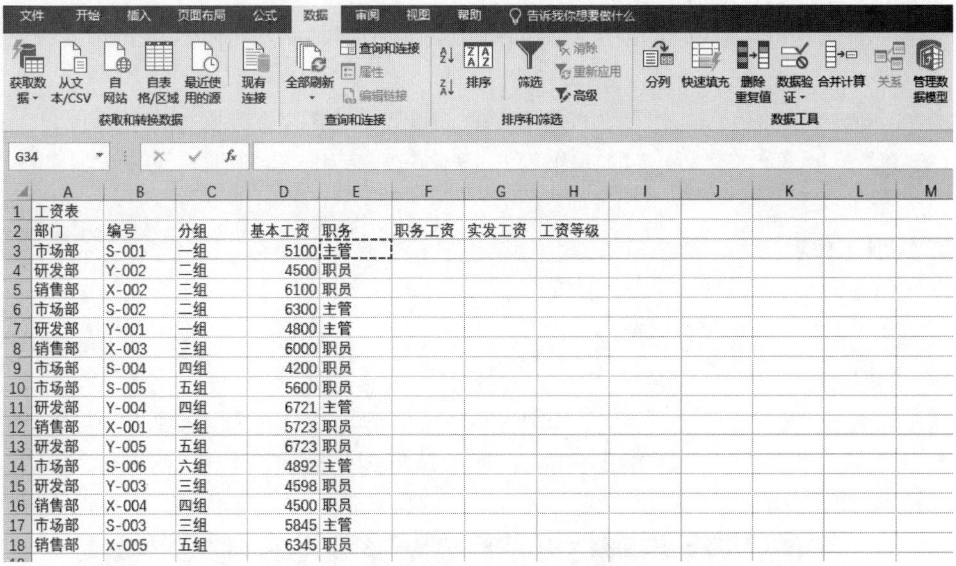

	A	B	C	D	E	F	G	H
1	工资表							
2	部门	编号	分组	基本工资	职务	职务工资	实发工资	工资等级
3	市场部	S-001	一组	5100	主管			
4	研发部	Y-002	二组	4500	职员			
5	销售部	X-002	二组	6100	职员			
6	市场部	S-002	二组	6300	主管			
7	研发部	Y-001	一组	4800	主管			
8	销售部	X-003	三组	6000	职员			
9	市场部	S-004	四组	4200	职员			
10	市场部	S-005	五组	5600	职员			
11	研发部	Y-004	四组	6721	主管			
12	销售部	X-001	一组	5723	职员			
13	研发部	Y-005	五组	6723	职员			
14	市场部	S-006	六组	4892	主管			
15	研发部	Y-003	三组	4598	职员			
16	销售部	X-004	四组	4500	职员			
17	市场部	S-003	三组	5845	主管			
18	销售部	X-005	五组	6345	职员			

图4-5 “员工工资表”界面

1. 将“职务”列移到“基本工资”列之前。
2. 在第6和第7行之间插入一行，并添入内容“Y-006、研发部、六组、5100、职员”。
3. 在“编号”列之前插入一列，并填入“序号”，序号的内容分别为1,2,3,…
4. 将“员工工资表.xlsx”工作簿保存在“练习”文件夹中。
5. 打开保存在“练习”文件夹中的“员工工资表.xlsx”的工作簿。

四、思考题

1. 如何使用填充柄进行规则数据的输入？
2. 通过鼠标拖曳的方式如何实现工作表内容的移动和复制？

实验二　工作表的操作

一、实验目的

1. 熟练掌握工作表的添加和删除。
2. 熟练掌握工作表的移动和复制。

二、案例

1. 在工作簿中添加和删除工作表

在"人事资料表.xlsx"工作簿中,添加和删除工作表。

(1)添加工作表:选取一张工作表,选择"开始"→"单元格"→"插入"→"插入工作表"命令,即可在选取的工作表之前插入一张工作表,或右击,在弹出的快捷菜单中选择"插入"命令,即可插入一张工作表。

(2)删除工作表:选取一张或多张要删除的工作表,选择"开始"→"单元格"→"删除"→"删除工作表"命令,或右击,在弹出的快捷菜单中选择"删除"命令,可删除一张或多张工作表。

提示:删除工作表,该工作表中内容也就被删除了,但不影响其他工作表的内容。

(3)在"人事资料表.xlsx"的工作簿中插入三张工作表,即插入 Sheet2、Sheet3 及 Sheet4 三张工作表。

2. 选取工作表

在已创建的"人事资料表.xlsx"的工作簿上,练习工作表的选取操作。

(1)打开工作簿"人事资料表.xlsx"。

(2)选取一个工作表:选取一个工作表,只需单击该工作表标签。

(3)选取多个连续的工作表:单击第一个要选取的工作表标签,按住 Shift 键,将鼠标指针移至要选取的最后一个工作表并单击,即可选取多个连续工作表,同时标题栏上显示[组]字样,如图 4-6 所示。

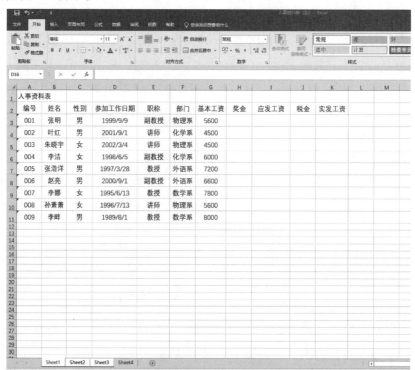

图 4-6 选取多个连续工作表

(4) 选取多个不连续的工作表：单击工作表标签选取第一个工作表，按下 Ctrl 键，单击鼠标选取其他工作表，如图 4-7 所示，标题栏上同样显示[组]字样。

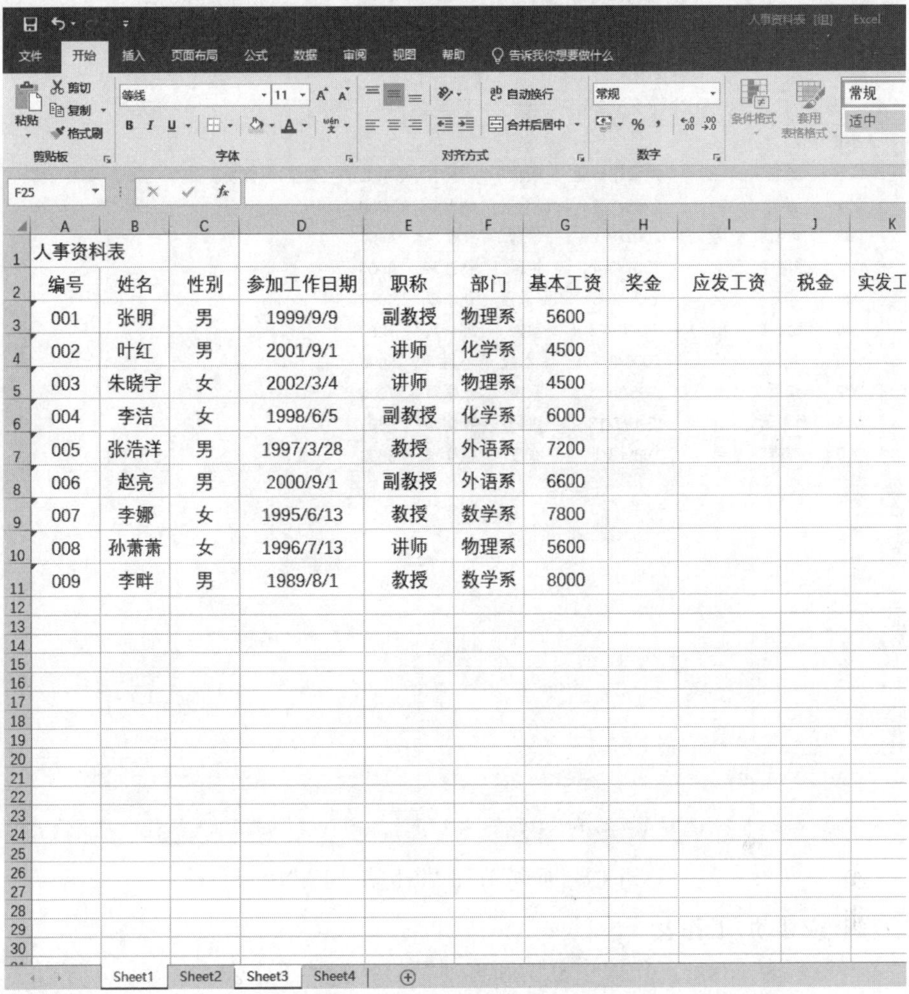

编号	姓名	性别	参加工作日期	职称	部门	基本工资	奖金	应发工资	税金	实发工
001	张明	男	1999/9/9	副教授	物理系	5600				
002	叶红	男	2001/9/1	讲师	化学系	4500				
003	朱晓宇	女	2002/3/4	讲师	物理系	4500				
004	李洁	女	1998/6/5	副教授	化学系	6000				
005	张浩洋	男	1997/3/28	教授	外语系	7200				
006	赵亮	男	2000/9/1	副教授	外语系	6600				
007	李娜	女	1995/6/13	教授	数学系	7800				
008	孙萧萧	女	1996/7/13	讲师	物理系	5600				
009	李畔	男	1989/8/1	教授	数学系	8000				

图 4-7　选取不连续的工作表

(5) 选取全部工作表：将鼠标指针移至任意一个工作表标签上，右击，在弹出的快捷菜单中选择“选定全部工作表”命令。

提示：不管选取多少个工作表，只有一个是“当前工作表”，在“当前工作表”的标签下有一条细实黑线作为标记，如图 4-6 和图 4-7 中的 Sheet1 所示。

3. 工作表重命名

在“人事资料表. xlsx”工作簿中，将其中的“sheet1”工作表命名为“原始资料”。

(1) 双击要改名的工作表标签，或右击工作表标签，在弹出的快捷菜单中选择“重命名”命令。

(2) 这时该工作表标签呈黑色待修改状态，输入需要更改的工作表名称“原始资料”，按 Enter 键或用鼠标单击其他区域即可，如图 4-8 所示。

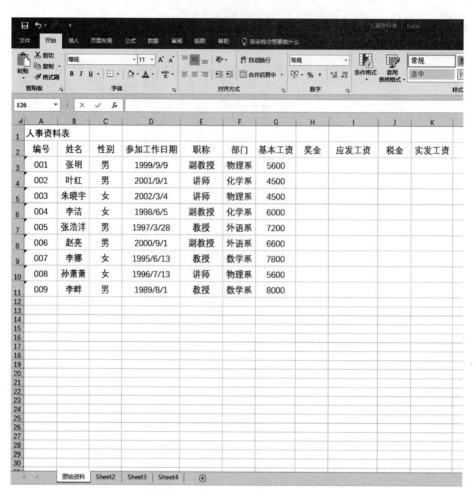

图 4-8　重命名后的"工作表"标签图

4. 复制(或移动)工作表

在"人事资料表.xlsx"工作簿中复制和移动"原始资料"工作表。

图 4-9　"移动或复制工作表"对话框

（1）在同一个工作簿中复制(或移动)工作表：选取一张要复制(或移动)的工作表，按下 Ctrl 键(或 Shift)，并沿着标签拖动，标签上沿将出现一个黑色的小三角形，指示工作表被插入的位置，松开鼠标左键，工作表即被复制(或移动)到新位置，复制的工作表名后会自动加上标识(2)、…、(n)。

（2）在不同的工作簿中复制(或移动)工作表：选取要复制(或移动)的工作表，右击，在弹出的快捷菜单中选择"移动和复制工作表"命令，打开"移动或复制工作表"对话框，如图 4-9 所示。

（3）单击"工作簿"下拉列表框右端的向下箭头，选取要复制(或移动)的目标工作簿，在"下列选定工作表之前"列表框中选定插入工作表的位置，选取"建立副本"复选框(不选该复选框为移动),单击"确定"按钮即可。

三、实验任务

1. 选取工作表：选取"练习"文件夹中"员工工资表.xlsx"工作簿中的"Sheet1"工作表。
2. 工作表重命名：将"Sheet1"工作表重命名为"员工工资原始表"。
3. 复制(或移动)工作表：将"员工工资原始表"复制成"一月份工资表"。
4. 插入三张工作表，即 Sheet3、Sheet4 及 Sheet5。

四、思考题

1. 工作表的移动和复制有什么不同？如何将一张工作表复制多份？
2. 工作表的复制和工作表内容的复制在操作上有什么不同？应如何选择？

实验三　公式的输入与复制

一、实验目的

1. 掌握公式的输入方法及公式的复制。
2. 熟练相对地址和绝对地址的应用。

二、案例

1. 公式的利用及公式的复制

在"人事资料表.xlsx"工作簿中，复制"原始资料"工作表为"公式应用"工作表。利用公式及公式的复制计算每个人的"奖金"和"应发工资"，其中"奖金"是"基本工资"的15%。

(1) 利用公式计算"奖金"：单击 H3 单元格，输入公式"＝G3 * 0.15"，其中的 G3 地址是相对引用方式，按 Enter 键或单击编辑栏中的"输入"按钮，得到"张明"的奖金，如图 4-10 所示。

(2) 通过公式复制计算其他人员的"奖金"：选中 H3 单元格，将鼠标移到填充柄处，通过拖动填充柄复制公式，计算出其余人员的"奖金"，如图 4-11 所示。

提示：地址的相对引用会随着位置的改变而做相对改变。正是利用相对引用的这个特点，通过拖曳复制了相对地址表示的公式而计算出每人的奖金

(3) 利用公式计算"应发工资"：单击 I3 单元格，输入公式"＝G3＋H3"，其中的 G3 和 H3 是相对引用方式，因为对于每一个人来说，奖金和基本工资是不相同的。按 Enter 键或单击编辑栏中的"输入"按钮，得到"张明"的应发工资。

(4) 通过公式复制计算其他人员的"应发工资"：选中 I3 单元格，将鼠标移到填充柄处，通过拖动填充柄复制公式，计算出其余人员的"应发工资"。

2. 地址的绝对引用

利用地址的绝对引用方式，修改奖金占基本工资的比例，如图 4-12 所示。

(1) 在"奖金"列后面增加一列"最终奖金"。

图 4-10　公式中的相对引用实例

（2）在 M2 单元格输入"奖金的比例"，在 M3 单元格中输入奖金的比例值。例如"20％"。

（3）在 I3 单元格中输入奖金的计算公式"＝G3＊＄M＄3"，其中的＄M＄3 地址是绝对引用方式，因为对于每一个人来说，奖金的比例是相同的。

（4）选中 I3 单元格，向下拖曳其填充柄一直到 I12 单元格，将公式复制到 I4：I11，如图 4-12 所示。

（5）利用公式计算"应发工资"：单击 J3 单元格，输入公式"＝G3＋I3"，其中的 G3 和 I3 是相对引用方式，因为对于每一个人来说，奖金和基本工资是不相同的。按 Enter 键或单击编辑栏中的"输入"按钮，得到"张明"的应发工资。

（6）通过公式复制计算其他人员的"应发工资"：选中 J3 单元格，将鼠标指针移到填充

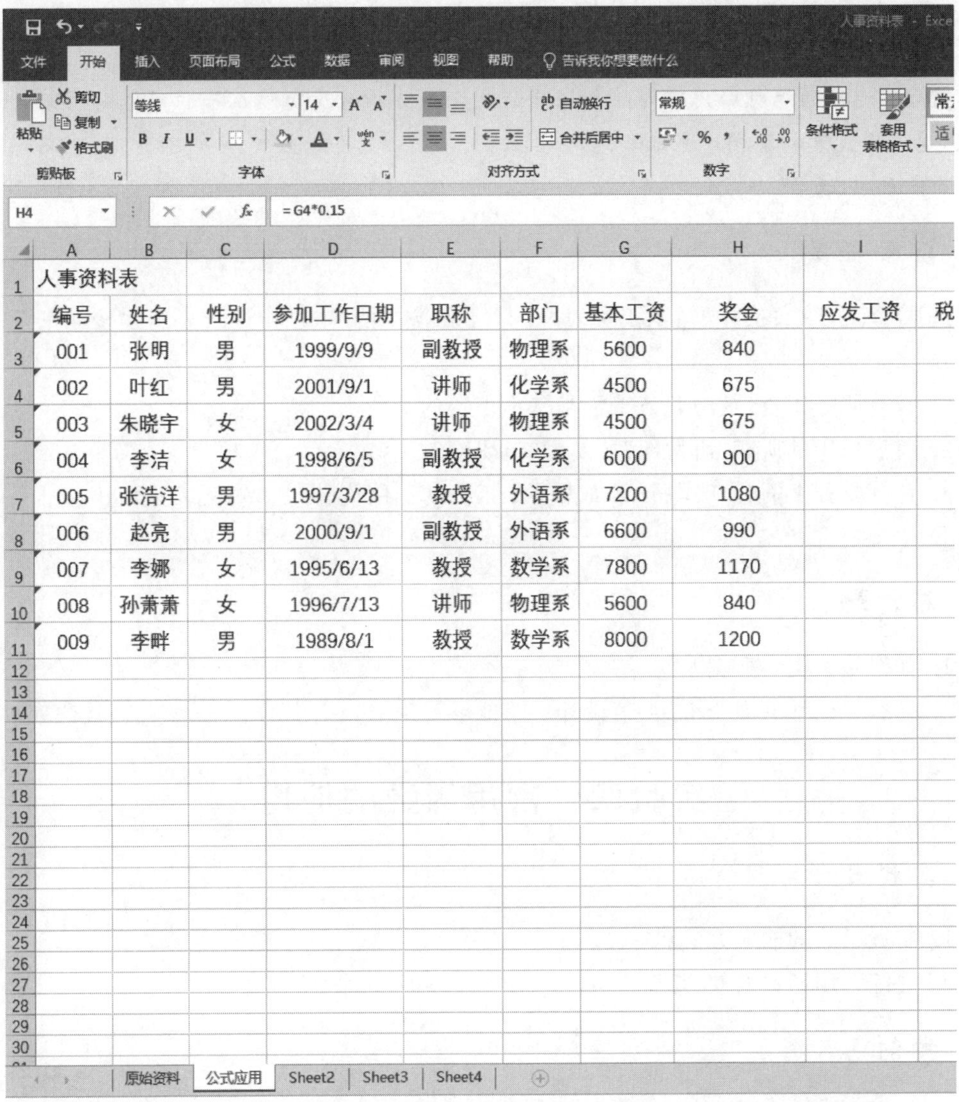

图 4-11　公式的复制

	A	B	C	D	E	F	G	H	I	J	K	L	M
1	人事资料表												
2	编号	姓名	性别	参加工作日期	职称	部门	基本工资	奖金	最终奖金	应发工资	税金	实发工资	奖金的比例
3	001	张明	男	1999/9/9	副教授	物理系	5600	840	1120	6720			0.2
4	002	叶红	男	2001/9/1	讲师	化学系	4500	675	900	5400			
5	003	朱晓宇	女	2002/3/4	讲师	物理系	4500	675	900	5400			
6	004	李洁	女	1998/6/5	副教授	化学系	6000	900	1200	7200			
7	005	张浩洋	男	1997/3/28	教授	外语系	7200	1080	1440	8640			
8	006	赵亮	男	2000/9/1	副教授	外语系	6600	990	1320	7920			
9	007	李娜	女	1995/6/13	教授	数学系	7800	1170	1560	9360			
10	008	孙萧萧	女	1996/7/13	讲师	物理系	5600	840	1120	6720			
11	009	李畔	男	1989/8/1	教授	数学系	8000	1200	1600	9600			

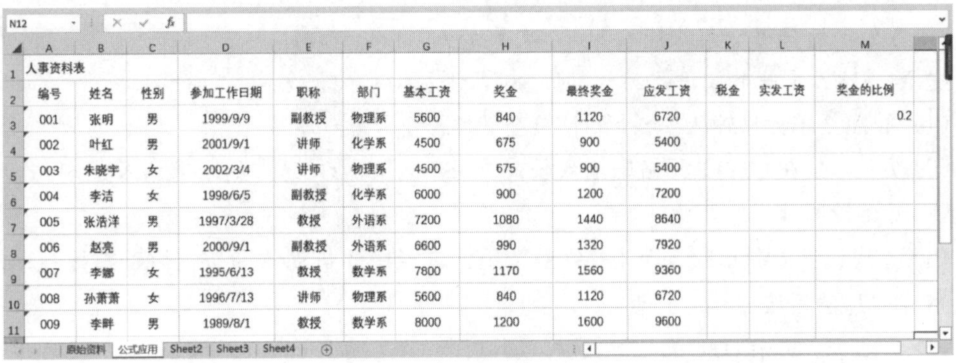

图 4-12　地址的绝对引用实例

95

第4章

表格处理软件——Excel

柄处,通过拖动填充柄复制公式,计算出其余人员的"应发工资"。

（7）选中 M3 单元格,修改成 0.3,对比 H 列,观察 I 列和 J 列数据的变化。

提示：地址的绝对引用不会随着位置的改变而做相对改变。正是利用绝对引用的这个特点,通过拖曳复制了相对地址和绝对地址表示的公式,一个改变一个不改变,从而计算出了每个人的奖金。

三、实验任务

选取"练习"文件夹中"员工工资表.xlsx"工作簿中的"一月份工资表",并按如下要求进行操作：

1. 计算职务工资,其中职务工资是基本工资的 10%。

2. 将表格中的所有"研发部"替换为"科研部"。

3. 计算职务工资,修改职务工资占基本工资的比例值(15%或 25%)从而快速计算职务工资。

四、思考题

1. 如何快速更新数据?

2. 什么是地址的混合引用,请设计一个能够实现混合引用的例子(如九九乘法表)。

实验四　常用函数的使用

一、实验目的

1. 掌握函数的输入方法。

2. 熟练常用函数的使用。

二、案例

1. SUM 函数的应用

在"人事资料表.xlsx"工作簿中,复制"公式应用"工作表为"函数应用"工作表。使用 SUM 函数分别计算每个人的基本工资、奖金及应发工资的合计。

提示：SUM 是一个常用的函数,因此有多种方式可以实现。

（1）在 A12 单元格输入"合计"。

（2）**方法一**：在 G12 单元格中输入公式"＝SUM(G3:G11)",利用求和函数 SUM,计算出"基本工资"的合计。

（3）**方法二**：选中 G12 单元格,单击常用工具栏中的自动求和按钮 Σ ,鼠标拖动求和区域 G3:G11,然后按 Enter 键即可。

（4）**方法三**：选中 G12 单元格,选择"公式"→"函数库"→"常用函数"命令,或者单击工具栏中的 *fx* 按钮,打开如图 4-13 所示对话框。在"选择函数"列表框中选择"SUM",单击"确定"按钮,在打开的如图 4-14 所示"函数参数"对话框中输入求和区域 G3:G11(或在此窗口中单击"Number1"文本框后面的折叠按钮,然后鼠标拖动求和区域 G3:G11 也可添加参数),单击"确定"按钮即可。

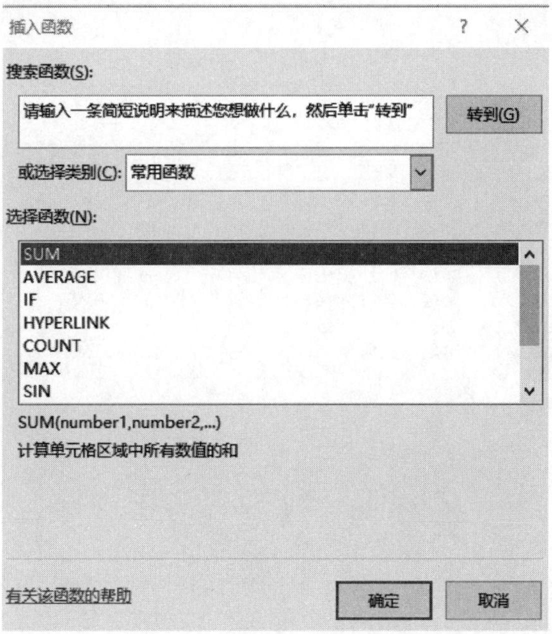

图 4-13 "插入函数"对话框

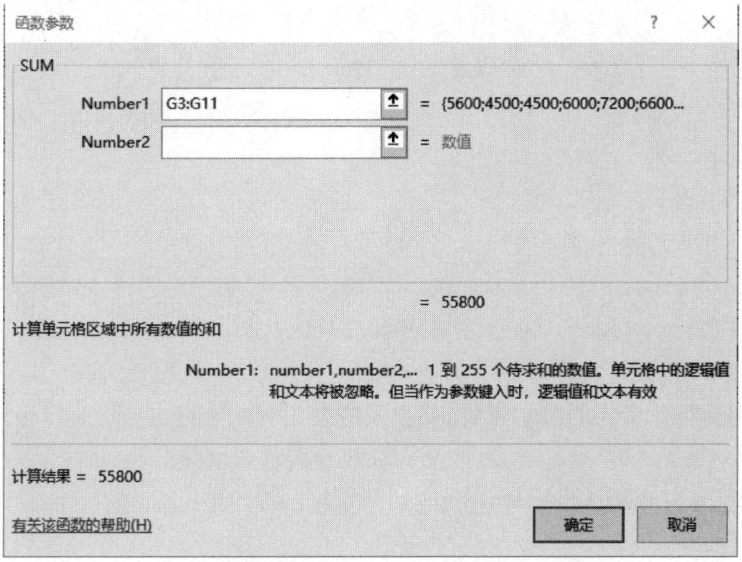

图 4-14 "函数参数"对话框

(5) 选中 G12 单元格,向右拖动填充柄,可计算出"奖金"和"最终奖金"以及"应发工资"的合计,如图 4-15 所示。

2. IF 和 IFS 函数的应用

使用 IF 和 IFS 函数计算图 4-16 中的税金,税金是代扣的钱,这里以"应发工资"多少为收费标准。假定:当"应发工资"小于或等于 3500 元时免税;当"应发工资"大于 3500 元小于

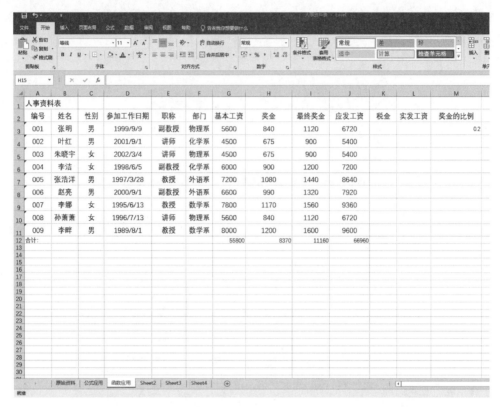

图 4-15　SUM 函数示例

或等于 5000 元时,交 5％的税;当"应发工资"大于 5000 元小于或等于 8000 元时,交 10％的税;当"应发工资"大于 8000 元小于或等于 10000 元时,交 15％的税,当"应发工资"大于 10000元时,交 30％的税。

方法一:直接输入。

(1) 单击 K3 单元格,在其中输入公式:

＝IF(J3<＝3500,0,IF(J3<＝5000,(I3－3500) * 0.05,IF(J3<＝8000,1500 * 0.05＋(J3－5000) * 0.1, IF(J3<＝10000,1500 * 0.05＋3000 * 0.1＋(J3－8000) * 0.15, 1500 * 0.05＋3000 * 0.1＋2000 * 0.15＋(J3－10000) * 0.3))))。

或者输入公式:

＝IFS(J3<3500,0,J3<5000,(J3－3500) * 0.05,J3<8000,1500 * 0.05＋(J3－5000) * 0.1,J3<10000,1500 * 0.05＋3000 * 0.1＋(J3－8000) * 0.15,J3<10000000,1500 * 0.05＋3000 * 0.1＋2000 * 0.15＋(J3－10000) * 0.3)

(2) 选中 K3 单元格,向下拖曳其填充柄到 K11 单元格,将公式复制到 K4:K11,如图 4-16 所示。

方法二:操作嵌套。

(1) 选中存储计算结果的单元格 K3,选择"公式"→"函数库"→"常用函数"命令,或者单击工具栏中的 f_x 按钮,打开"插入函数"对话框,在"选择函数"列表框中选择"IF",单击"确定"按钮,打开如图 4-17 所示的"函数参数"对话框。

	A	B	C	D	E	F	G	H	I	J	K	L	M
1	人事资料表												
2	编号	姓名	性别	参加工作日期	职称	部门	基本工资	奖金	最终奖金	应发工资	税金	实发工资	奖金的比例
3	001	张明	男	1999/9/9	副教授	物理系	5600	840	1120	6720	247		0.2
4	002	叶红	男	2001/9/1	讲师	化学系	4500	675	900	5400	115		
5	003	朱晓宇	女	2002/3/4	讲师	物理系	4500	675	900	5400	115		
6	004	李洁	女	1998/6/5	副教授	化学系	6000	900	1200	7200	295		
7	005	张浩洋	男	1997/3/28	教授	外语系	7200	1080	1440	8640	471		
8	006	赵亮	男	2000/9/1	副教授	外语系	6600	990	1320	7920	367		
9	007	李娜	女	1995/6/13	教授	数学系	7800	1170	1560	9360	579		
10	008	孙萧萧	女	1996/7/13	讲师	物理系	5600	840	1120	6720	247		
11	009	李畔	男	1989/8/1	教授	数学系	8000	1200	1600	9600	615		
12	合计:						55800	8370	11160	66960			

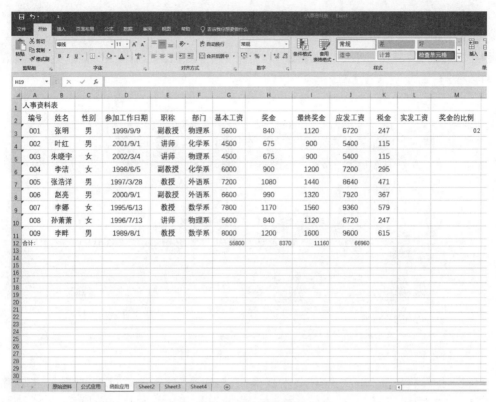

图 4-16 IF 函数示例

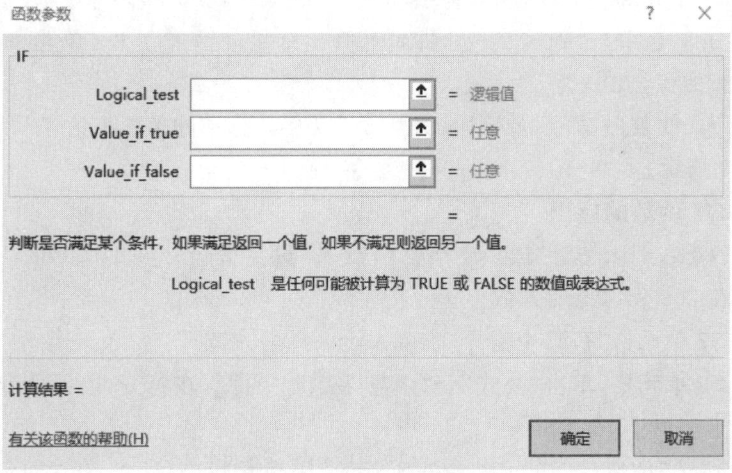

图 4-17 “IF”函数参数对话框

(2) 在打开的“函数参数”对话框中，将鼠标指针移到“Logical_test”文本框中，直接输入“J3 <= 3500”。将鼠标指针移到“Value_if_true”文本框中，直接输入 0。将鼠标指针移到“Value_if_false”文本框中，在打开的下拉列表中选择“if”选项，返回“函数参数”对话框。

(3) 将鼠标指针移到“Logical_test”文本框中，直接输入“J3 <= 5000”。将鼠标指针移到“Value_if_true”文本框中，直接输入“(J3 - 3500) * 0.05”。将鼠标指针移到“Value_if_false”文本框中，在打开的下拉列表中选择“if”选项，返回“函数参数”对话框。

将鼠标指针移到"Logical_test"文本框中,直接输入"J3<=8000"。将鼠标指针移到"Value_if_true"文本框中,直接输入"1500*0.05+(J3-5000)*0.1",如图 4-18 所示。将鼠标指针移到"Value_if_false"文本框中,在打开的下拉列表中选择"if"选项,返回"函数参数"对话框。

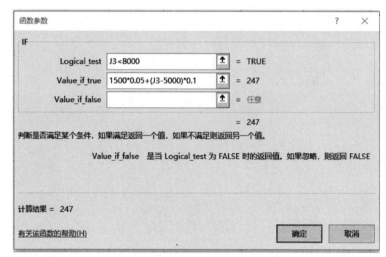

图 4-18　IF 函数的嵌套选择

将鼠标指针移到"Logical_test"文本框中,直接输入"J3<=10000"。将鼠标指针移到"logical_test"文本框中,直接输入"1500*0.05+3000*0.1+(J3-8000)*0.15"。将鼠标指针移到"Value_if_false"文本框中,直接输入"1500*0.05+3000*0.1+2000*0.15+(J3-10000)*0.3"。单击"确定"按钮,即可计算出结果并输出在 K3 单元格。再利用填充柄计算其他各行的税金值。

(4) 利用公式的复制功能,计算"实发工资"以及其总和的值。实发工资=应发工资-税金,如图 4-19 所示。

3. COUNTIF 函数的应用

在"人事资料表.xlsx"文件的 N2 单元格输入"税金大于 300 的人数:",用 COUNTIF 函数统计税金在 300 元以上的人数。

(1) 单击 N2 单元格,在其中输入"税金大于 300 的人数:"。

(2) 单击 N3 单元格,单击"公式"→"函数库"组中的 f_x ,在打开的"插入函数"对话框中选择 COUNTIF 函数。

(3) 单击"确定"按钮,打开如图 4-20 所示的"函数参数"对话框,单击 Range 参数框右侧的折叠按钮,选中 K3:K11 区域,在 Criteria 参数框中输入">300",单击"确定"按钮,得到如图 4-21 所示结果。

三、实验任务

选取"练习"文件夹中"员工工资表.xlsx"工作簿中的"一月份工资表",并按如下要求进行操作:

1. **重新计算职务工资**:其中职务工资是奖金与职务补贴的和,奖金是基本工资的

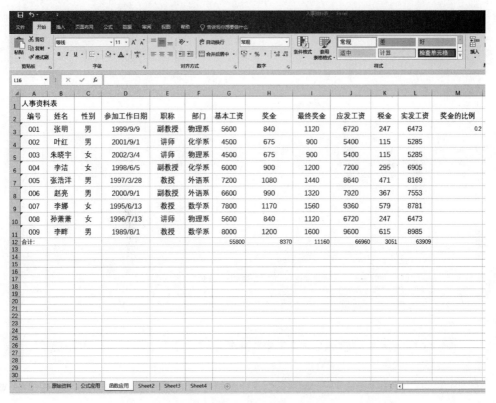

图 4-19　完整的电子表格

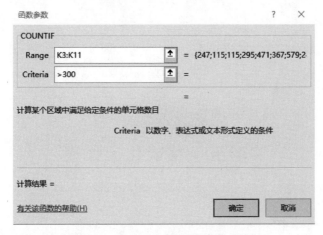

图 4-20　"COUNTIF"函数参数对话框

20%,主管的职务补贴为 2500.00 元,职员的职务补贴为 1800.00 元。

2. 计算实发工资:实发工资是基本工资与职务工资的和。

3. 计算工资等级:实发工资≥10000 元的为"一等",10000 元>实发工资≥8000 元为"二等",8000 元>实发工资≥5000 为"三等",实发工资<5000 元为"四等"。

4. 在第 22 行的第 2 列输入"总人数"并在第 22 行的第 3 列计算总人数的数值。

5. 在第 23 行的第 2 列输入"总工资"并在对应的位置计算基本工资、职务工资和实发工资的总和值。

图 4-21　COUNTIF 函数示例

6. 在第 24 行的第 2 列输入"平均工资"并在对应的位置计算基本工资、职务工资和实发工资的平均值。

7. 在第 25 行的第 2 列输入"最高工资"并在对应的位置计算基本工资、职务工资和实发工资的最大值。

8. 在第 26 行的第 2 列输入"最低工资"并在对应的位置计算基本工资、职务工资和实发工资的最小值。

四、思考题

1. 函数的调用和公式的使用有什么关系？

2. 如果每个月的基本工资不变，每个月的奖金的比例和职务补贴额总是变化的。应如何快速生成每月的工资数据？

3. 如果想计算出各部门的平均基本工资，利用公式能实现吗？

实验五　格式化工作表

一、实验目的

1. 熟练掌握工作表的字体、边框、底纹及对齐方式的设置。
2. 对工作表进一步美化。

二、案例

在"人事资料表. xlsx"工作簿中，复制"函数应用"工作表为"自定义格式化"工作表。复制"函数应用"工作表为"自动格式化"工作表。

案例一：自定义格式化工作表

1. 工作表的标题和字体格式设置

选择"人事资料表. xlsx"工作簿中的"自定义格式化"工作表。

（1）选中 A1:N1 区域。选择"开始"→"对齐方式"命令，打开"设置单元格格式"对话框。

（2）在该对话框的"对齐"选项卡的"水平对齐"下拉列表框中选中"跨列居中"，在"文本控制"设置区中选中"合并单元格"复选框，如图 4-22 所示，单击"确定"按钮。

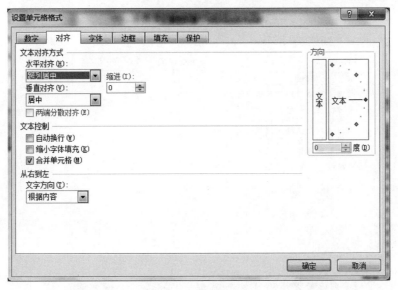

图 4-22　"对齐"选项卡

（3）再选择该对话框中的"字体"选项卡，在"字体"列表框中选择"隶书"，在"字形"列表框中选择"加粗"，在"字号"列表框中选择"20"，如图 4-23 所示，单击"确定"按钮。

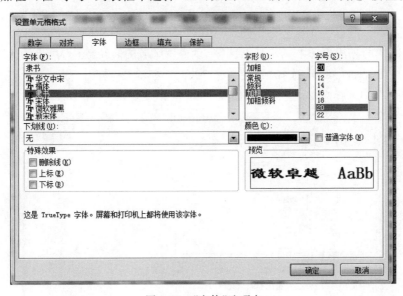

图 4-23　"字体"选项卡

（4）用同样的方法再选中 A2:N12 区域，设置该区域字体为"楷体"，设置对齐方式为"水平居中"，单击"确定"按钮。

2．设置边框和底纹

选择"人事资料表.xlsx"工作簿中的"自定义格式化"工作表。

（1）选中 A1:N1 区域，选择"开始"→"对齐方式"命令，打开"设置单元格格式"对话框。在该对话框中选择"填充"选项卡，选择标题的底纹颜色为"青绿"色，如图 4-24 所示，单击"确定"按钮。

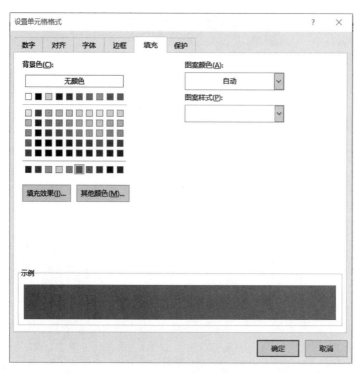

图 4-24　"填充"选项卡

（2）用同样的方法再选中 A2:N12 区域，设置该区域的底纹颜色为"蓝色"。

（3）选中 B3:K11 区域，选择"开始"→"对齐方式"命令，打开"设置单元格格式"对话框。在该对话框中选择"边框"选项卡，如图 4-25 所示。

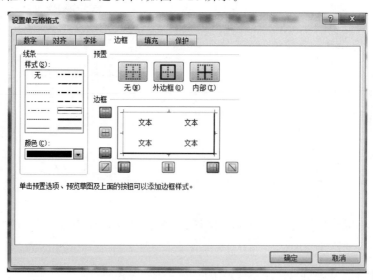

图 4-25　"边框"选项卡

（4）单击该对话框中"样式"下方的粗实线,然后单击"预置"区的"外边框"项,将外部线型变为粗实线。为了使该部分的文字具有凹凸感,操作边框时将上线、左线设置为白色,下线、右线设置为紫色,单击"确定"按钮。

3．条件格式化

选择"人事资料表.xlsx"工作簿中的"自定义格式化"工作表。

（1）选中 L3:L11 区域,选择"开始"→"样式"→"条件格式"命令。

（2）选择条件格式样式（数据条）。选择"红色渐变填充",设置效果如图 4-26 所示。

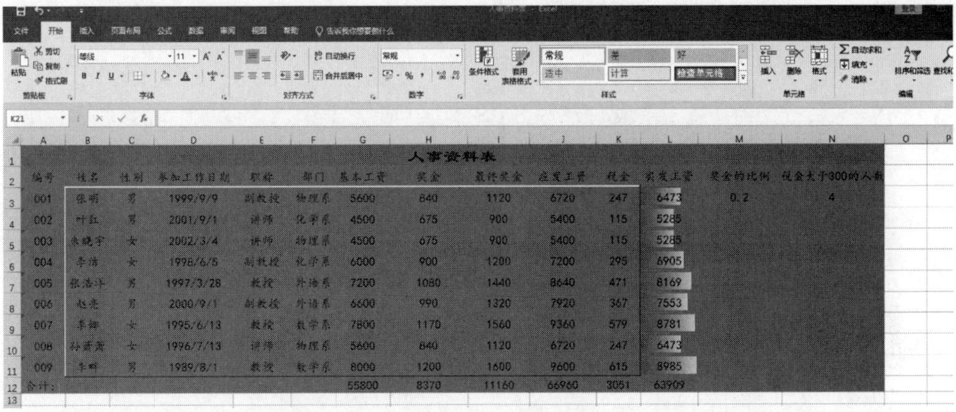

图 4-26　自定义格式化的"人事资料表.xlsx"

案例二：自动套用格式化工作表

选择"人事资料表.xlsx"工作簿中的"自动格式化"工作表。

1．工作表的标题和字体格式设置

选择"人事资料表.xlsx"工作簿中的"自动格式化"工作表。

（1）选中 A1:N1 区域,选择"开始"→"对齐方式"命令,打开"设置单元格式"对话框。

（2）在该对话框的"对齐"选项卡的"水平对齐"下拉列表框中选中"跨列居中",在"文本控制"设置区中选中"合并单元格"复选框,如图 4-22 所示,单击"确定"按钮。

（3）再选择该对话框中的"字体"选项卡,在"字体"列表框中选择"隶书",在"字形"列表框中选择"加粗",在"字号"列表框中选择"20",如图 4-23 所示,单击"确定"按钮。

2．工作表的内容和格式设置

（1）选中 A2:L12 区域,选择"开始"→"样式"→"套用表格格式"命令,选择一种格式（如蓝色,表样式中等深浅 2）作为模板。

（2）打开如图 4-27 所示"创建表"对话框,输入"表数据的来源"（A2:L12）。

（3）单击"确定"按钮,返回工作表,自动套用格式后的工作表如图 4-28 所示。选中表格样式区域,可以更改表格样式。

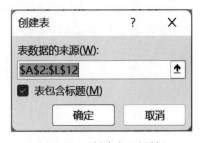

图 4-27　"创建表"对话框

表格处理软件——Excel

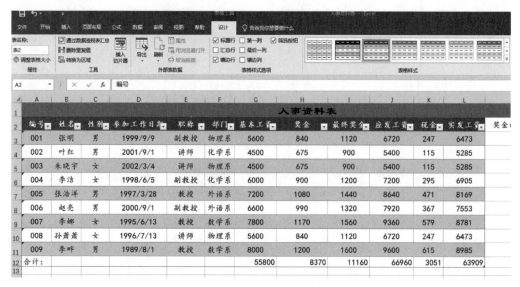

图 4-28　应用"自动套用格式"后的"人事资料表"

三、实验任务

选取"练习"文件夹中"员工工资表.xlsx"工作簿中的"一月份工资表",并复制成"表格格式化——一月份工资"工作表并按如下要求进行操作：

1. 格式化标题文字：字体为"华文行楷"；字号为"16"；颜色为蓝色；跨列居中。

2. 格式化表头：字体为"隶书"，字形为"倾斜""粗体"；"底纹"为淡蓝色；字体颜色为绿色。

3. 格式化其余内容：字体为"仿宋体"；字号为"16"；颜色为蓝色；底纹颜色自定。

4. 设置对齐方式："基本工资"一列的数据居右，表头和其余各列居中。

5. 设置数字格式："基本工资"和"实发工资"两列的数据单元格区域应用货币格式。

6. 条件格式：将"部门"一列中所有"科研部"加"浅红色填充"单元格底纹；将"实发工资"一列中的数据使用"数据条"公式。

7. 设置表格边框线：将表格外框线设置为双红线，表格内边框线为单线蓝色。

8. 统计数据部分自动套用格式，格式自选。

四、思考题

1. 自定义格式和自动格式化工作表在操作上有什么不同？应如何选择格式化的方式？

2. 条件格式是否只适用于数值型的数据？

实验六　图表操作

一、实验目的

1. 熟练掌握创建各种图表的方法。

2. 掌握对图表的编辑操作。

二、案例

在"人事资料表.xlsx"工作簿中，复制"函数应用"工作表为"图表化"工作表，复制"函数应用"工作表为"迷你图"工作表。

案例一：根据工作表图型化

1. 创建图表

（1）打开文件"人事资料表.xlsx"，选择"图表化"工作表，选择作图的数据。

（2）选择"插入"→"图表"命令，打开如图 4-29 所示的"插入图表"对话框，选择"所有图表"选项卡，选择主类（"柱形图"）及其子类（"三维簇状柱形图"）。

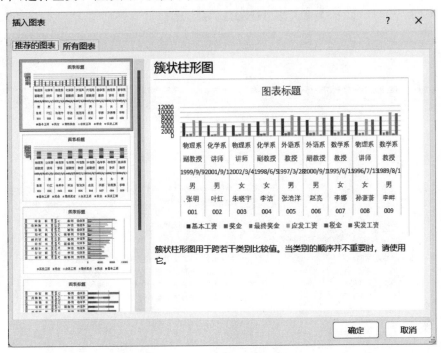

图 4-29 "插入图表"对话框

（3）单击"确定"按钮，出现如图 4-30 所示的三维簇状柱形图。

（4）选择"图表工具"→"图表设计"→"数据"→"选择数据"命令，打开如图 4-31 所示的"选择数据源"对话框。选择图表数据区（A2:L11），编辑"水平分类轴"标签；选中 B2:B11 区域，编辑"图例项"选择多余的数据项进行删除，操作结果如图 4-32 所示。单击"确定"按钮，结果如图 4-33 所示。

2. 编辑图表

（1）选取"图表化"工作表。

（2）更改图表类型：选择"插入"→"图表"命令，打开如图 4-29 所示的"插入图表"对话框，选择主类（"折线图"）及其子类（"三维折线图"），单击"确定"按钮，结果如图 4-34 所示。

（3）更改"数据源"和"图表选项"。

方法一：选中图表区选择图表，选择"图表工具"→"图表设计"→"数据"→"选择数据"命令，打开如图 4-31 所示的"选择数据源"对话框，可进行图表选项的修改。例如，增加"税

表格处理软件——Excel

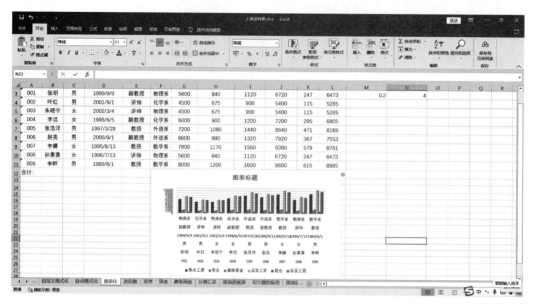

图 4-30 形成选取数据的"图表化"工作表

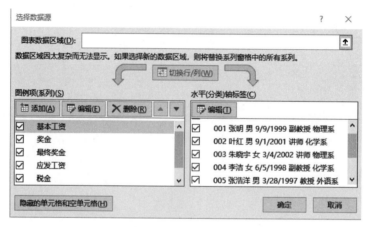

图 4-31 "选择数据源"对话框

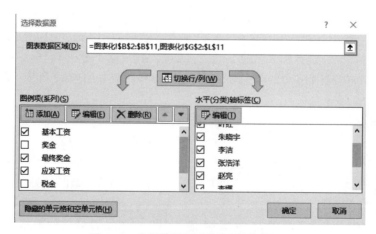

图 4-32 选择数据源后的"选择数据源"

图 4-33　"三维簇状柱形图"工资图表

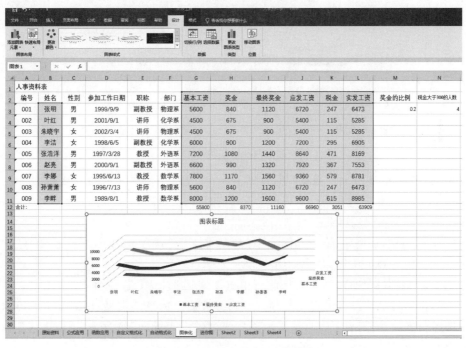

图 4-34　"三维折线图"工资图表

金"数据列。编辑"图例项",单击"添加",打开如图 4-35 所示的"编辑数据系列"对话框,选择"系列名称"(图表化!＄K＄2),选择"系列值"(图表化!＄K＄3:＄K＄11),单击"确定"按钮,结果如图 4-36 所示。

图 4-35 "编辑数据系列"对话框

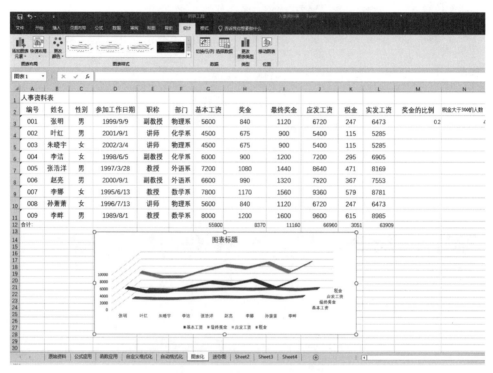

图 4-36 增加"税金"后的"三维折线图"

方法二：若要增加"税金"数据到数据图表中,应先选中数据表中的 K2:K11 区域,然后按下 Ctrl+C 键,再单击选中图表,按下 Ctrl+V 键,则数据序列就添加到了图表中,添加的数据序列总是放在图表现有数据系列的后面。

(4) 删除数据行：例如,要删除图表中的"基本工资"列数据,应先单击图表中的"基本工资"数据列,按下 Delete 键,效果如图 4-37 所示。

(5) 增加标签：例如,添加图表标题。单击图表区选择图表,选择"图表工具"→"图表设计"→"图表布局"→"添加图表元素"命令,选择数据源标签的类型(图表标题),在其下拉列表中选择放置位置(图表上方),编辑数据标签(将"图表标题"更改为"工资图表")。其他标签的增加类似,效果如图 4-38 所示。

提示：删除图表中的数据不会影响数据表中的数据,但删除数据表中的数据时,图表中相对应的数据会随之删除。

案例二：工作表内创建迷你图

(1) 选取"迷你图"工作表。

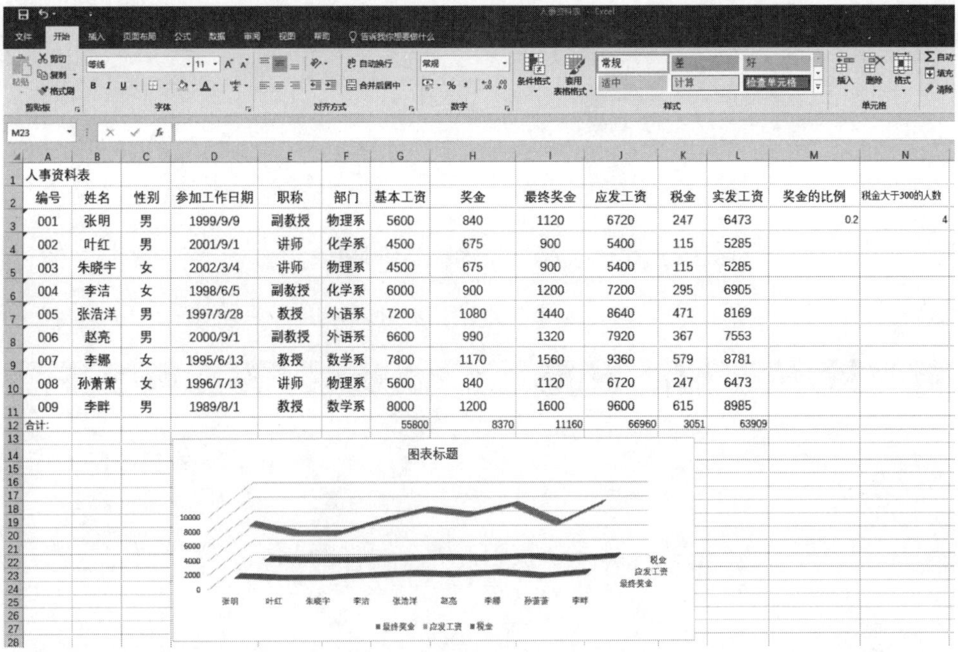

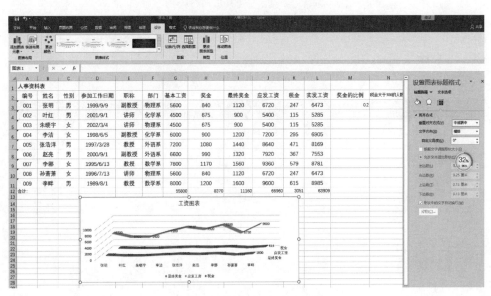

图 4-37　删除"基本工资"系列

图 4-38　增加标签后的效果图

（2）选中 G14 单元格，选择"插入"→"迷你图"→"折线图"命令，打开如图 4-39 所示的"创建迷你图"对话框，选择数据范围（G3：G11）及放置迷你图的位置（G14），单击"确定"按钮。再利用填充柄创建其他各列的迷你图，结果如图 4-40 所示。

（3）单击 O2 单元格，在其中输入"增加迷你柱形图"。

（4）单击 O3 单元格，选择"插入"→"迷你图"→"柱形图"命令，打开如图 4-39 所示的"创建迷你图"对话框，选择数据范围（G3：L3）及放置迷你图的位置（O3），单击"确定"按钮。再利用填充柄创建其他各列的迷你图，效果如图 4-41 所示。

表格处理软件——*Excel*

图 4-39　"创建迷你图"对话框

图 4-40　增加"折线迷你图"的效果图

图 4-41　增加"柱形迷你图"的效果图

三、实验任务

选取"练习"文件夹中"员工工资表.xlsx"工作簿中的"一月份工资表",并复制成"插入图表——一月份工资表"工作表和"插入迷你图——一月份工资表"工作表并按如下要求进行操作：

1. 在"插入图表——一月份工资表"工作表中用"基本工资"一列的数据创建三维饼图并

加上相应的标题及数据标志。

2. 在"插入迷你图——月份工资表"工作表中增加"基本工资"、职务工资和实发工资的"柱形图"。

3. 在"插入迷你图——月份工资表"工作表中增加每人的"基本工资"、"职务工资"和"实发工资"的"折线图"。

四、思考题

1. 如何更改图形？
2. 如何将图表固定在指定的区域？
3. 如何对图表进行格式化？
4. 迷你图和图表有什么不同作用？它们的应用场合是什么？

实验七　数据管理

一、实验目的

1. 熟练掌握排序、筛选、分类汇总等数据管理的基本操作。
2. 掌握高级筛选。

二、案例

在"人事资料表.xlsx"工作簿中，复制"函数应用"工作表为"排序化"工作表。复制"函数应用"工作表为"筛选"工作表，复制"函数应用"工作表为"高级筛选"工作表，复制"函数应用"工作表为"分类汇总"工作表。

提示：数据管理的操作一定是在未格式化的数据表或自动格式化的数据表上进行。

1. 数据排序

在"人事资料表.xlsx"工作簿中按基本工资由高到低重新排列顺序。

(1) 打开文件"人事资料表.xlsx"，选择"排序化"工作表，选择排序区域 A2:L11。

提示：本例因合计中含有公式，为避免其参与排序，故选择排序区域 A2:K11；否则只需要选中数据表区域内的任一单元格即可。

(2) 选择"数据"→"排序和筛选"→"排序"命令，在打开的"排序"对话框中的"主要关键字"下拉列表框中选择"基本工资"，设置其后的"排序依据"(数值)，并选择其后的按"升序"，如图 4-42 所示。对于"职称"这类的信息，还可以"按自定义序列"进行排序，"自定义序列"对话框如图 4-43 所示。按图 4-42 所示设置排序要求。

(3) 单击"确定"按钮，则工作表数据按职工基本工资由低到高进行排序，如果基本工资相同，按照部门降序排，如果部门也相同，按职称的升序排，结果如图 4-44 所示。

提示：系统允许按多个关键字进行排序，即如果第一个关键值相同，则按第二个关键字的值排，第二个也相同，则按第三个排。如果需要，要添加条件。

2. 筛选

在"人事资料表.xlsx"中筛选实发工资在 5000 元(含)以上的女职工。

(1) 打开文件"人事资料表.xlsx"工作簿，选择"筛选"工作表，选择排序区域 A2:L11。

图 4-42 "排序"对话框

图 4-43 "自定义序列"对话框

（2）选择"数据"→"排序和筛选"→"筛选"命令。

（3）单击"性别"列标题旁的箭头，在下拉列表中选择"女"，如图 4-45 所示。

（4）单击"实发工资"列标题旁的箭头，选择"数字筛选"的"大于"，在打开的对话框中设定筛选条件，如图 4-46 所示。

（5）单击"确定"按钮，得出如图 4-47 所示筛选结果。

（6）选择"数据"→"排序和筛选"→"清除"命令将取消筛选结果。

3. 高级筛选

使用高级筛选，筛选出物理系的讲师和化学系的副教授。

（1）打开文件"人事资料表.xlsx"工作簿，选择"高级筛选"工作表。

（2）建立条件区域：假设在 D15:E17 区域输入如图 4-48 所示的条件。

提示：条件区域的位置可任意，同一条件行不同单元格的条件为"与"关系，不同条件行不同单元格的条件为"或"关系。

（3）选择"数据"→"排序和筛选"→"高级筛选"命令，打开"高级筛选"对话框。

图 4-44 排序后的工作表

图 4-45 "性别"条件筛选

自定义自动筛选方式

显示行:
实发工资

大于或等于 | 5000

○ 与(A) ○ 或(O)

可用 ? 代表单个字符
用 * 代表任意多个字符

确定   取消

图 4-46 在"实发工资"自定义条件对话框

图 4-47 "实发工资"大于 5000 元的女职工

图 4-48 设置条件区域及条件

图 4-49 "高级筛选"设置结果

（4）在"列表区域"设置要进行筛选的区域，即 A2：K11；在"条件区域"设置条件所在的区域，即 D15：E17。筛选条件设置结果如图 4-49 所示。

（5）单击"确定"按钮，得如图 4-50 所示结果。

（6）选择"数据"→"排序和筛选"→"清除"命令将取消筛选结果。

4. 分类汇总

提示：分类汇总的操作一定先按分类的信息进行排序，然后再进行分类汇总。

按部门汇总"人事资料表.xlsx"中各部门的奖金和实发工资的和。

（1）打开文件"人事资料表.xlsx"工作簿，选择"分类汇总"工作表，选择排序区域 A2：L11。

（2）按"部门"排序。

（3）选择"数据"→"分级显示"→"分类汇总"命令，打开"分类汇总"对话框。

人事资料表

编号	姓名	性别	参加工作日期	职称	部门	基本工资	奖金	最终奖金	应发工资	税金	实发工资	奖金的比例	税金大于300的人数
001	张明	男	1999/9/9	副教授	物理系	5600	840	1120	6720	247	6473	0.2	4
002	叶红	女	2001/9/1	讲师	化学系	4500	675	900	5400	115	5285		
003	朱晓宇	女	2002/3/4	讲师	物理系	4500	675	900	5400	115	5285		
004	李洁	女	1998/6/5	副教授	化学系	6000	900	1200	7200	295	6905		
005	张浩洋	男	1997/3/28	教授	外语系	7200	1080	1440	8640	471	8169		
006	赵亮	男	2000/9/1	副教授	外语系	6600	990	1320	7920	367	7553		
007	李娜	女	1995/6/13	教授	数学系	7800	1170	1560	9360	579	8781		
008	孙萧萧	女	1996/7/13	讲师	物理系	5600	840	1120	6720	247	6473		
009	李群	男	1989/8/1	教授	数学系	8000	1200	1600	9600	615	8985		
合计:						55800	8370	11160	66960	3051	63909		

职称	部门
副教授	化学系
讲师	物理系

编号	姓名	性别	参加工作日期	职称	部门	基本工资	奖金	最终奖金	应发工资	税金	实发工资
003	朱晓宇	女	2002/3/4	讲师	物理系	4500	675	900	5400	115	5285
004	李洁	女	1998/6/5	副教授	化学系	6000	900	1200	7200	295	6905
008	孙萧萧	女	1996/7/13	讲师	物理系	5600	840	1120	6720	247	6473

图 4-50 "高级筛选"结果

（4）在"分类字段"下拉列表框中选择"部门"；在"汇总方式"下拉列表框中选择"求和"；在"选定汇总项"列表框中选择"奖金"和"实发工资"，如图 4-51 所示。

（5）单击"确定"按钮，分类汇总结果如图 4-52 所示。

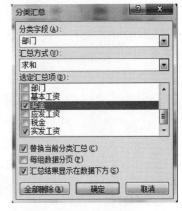

图 4-51 "分类汇总"对话框

三、实验任务

选取"练习"文件夹中"员工工资表.xlsx"工作簿中的"一月份工资表"，并复制成"数据排序——一月份工资表"工作表、"数据筛选——一月份工资表"工作表和"分类汇总——一月份工资表"工作表并按如下要求进行操作：

1. 在"数据排序——一月份工资表"工作表中，以"实发工资"为关键字，以递减方式排序。

2. 在"数据排序——一月份工资表"工作表中，以"工资等级"为关键字，以"一等""二等""三等"为降序排序。

3. 在"数据筛选——一月份工资表"工作表中，筛选出"基本工资"小于 3000 元或大于 5000 元或"销售部"的记录并放在其他位置。

4. 在"数据筛选——一月份工资表"工作表中，筛选出"基本工资"大于 5000 元（含）且小于 6000 元的记录。

5. 在"分类汇总——一月份工资表"工作表中，以"部门"为分类字段，对"基本工资"和"实发工资"进行"求平均"分类汇总。

表格处理软件——Excel

图 4-52　分类汇总结果

四、思考题

1. 如何将排序好的数据表恢复原样？

2. 如何撤销筛选？筛选后的数据能排序吗？

3. 在分类汇总的分级显示区中，最上一级能同时出现"＋""－"等分级显示符号吗？

4. 高级筛选和筛选有何不同。它们应用的场合是什么？

5. 在分类汇总中汇总方式能不能不同？例如，各部门"基本工资"的总和和"实发工资"的平均值。

实验八　数据透视（表与图）

一、实验目的

1. 熟练掌握数据透视（表和图）的制作和编辑方法。
2. 了解 Excel 数据分析的内容和方法。

二、案例

在"人事资料表.xlsx"工作簿中，复制"函数应用"工作表为"添加透视表"工作表，复制"函数应用"工作表为"添加透视图"工作表。

1. 数据透视表的建立及编辑

为"人事资料表.xlsx"创建数据透视表，要求汇总各部门各职称男、女职工的税金和实发工资平均值，同时还要汇总各部门男、女职工人数。

（1）打开文件"人事资料表.xlsx"工作簿，选择"添加透视表"工作表，选择区域 A2:L11。

（2）选择"插入"→"表格"→"数据透视表"命令，打开"创建数据透视表"对话框。在"创建数据透视表"对话框中选择 A2:L11 作为要分析的数据,选择现有的工作表并设置放置数据透视表的位置 C17:K27。设置结果如图 4-53 所示。

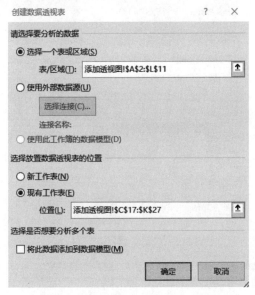

图 4-53　"创建数据透视表"对话框

（3）单击"确定"按钮,效果如图 4-54 所示。此时的数据透视表是空表,若要生成数据透视表,还需要进行数据透视表字段的设置。

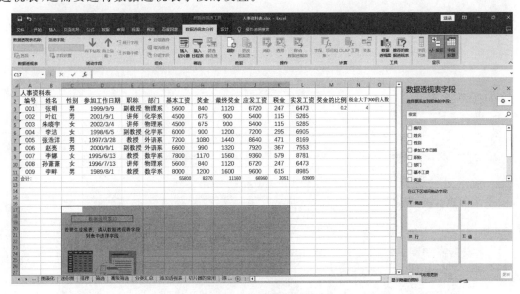

图 4-54　空的数据透视表

（4）在如图 4-54 所示的空数据透视表中,分别将"部门"拖入"报表筛选"区域;"职称"拖入"行标签"区域;"性别"拖入"列标签"区域;"税金""实发工资""性别"分别拖入"数值"区域。在数据区中,系统自动将"税金""实发工资"的汇总方式设置为"求和",将"性别"的汇总方式设置为"计数",如果设定不正确,可双击相应按钮,在"值字段设置"对话框中进行汇总方式修改,如图 4-55 所示。单击"确定"按钮。效果图如图 4-56 所示。

图 4-55 "值字段设置"对话框

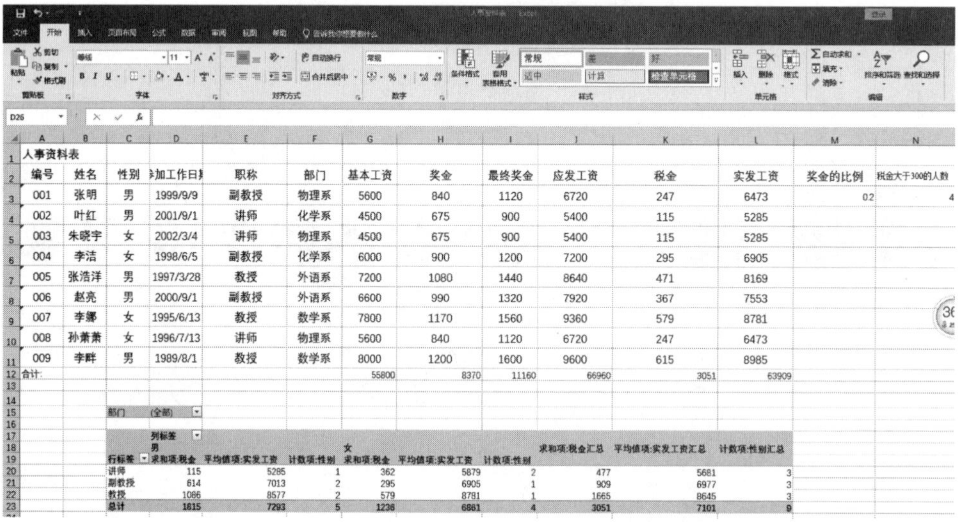

图 4-56 数据透视表结果

（5）根据需要添加。将要添加的字段拖入相应的区域即可。例如，增加"基本工资"的最大值，将"基本工资"字段拖入"数值"区。结果如图 4-57 所示。

（6）根据需要删除字段。将要删除的字段的选中标志取消即可。例如，删除"税金"的总和。将"税金"字段的标志取消。效果图如图 4-58 所示。

（7）可根据需要设置筛选条件。如只看"化学系"的各个统计数据，则在部门的搜索中只勾选"化学系"，并单击"确定"按钮。结果如图 4-59 所示。

2. 数据透视表的格式化

（1）选取数据透视表。

（2）滑动"数据透视表工具"→"设计"→"透视表样式"中的垂直滚动条，选择自己满意的透视表样式（白色，数据透视表样式中等深浅 4），如图 4-60 所示。

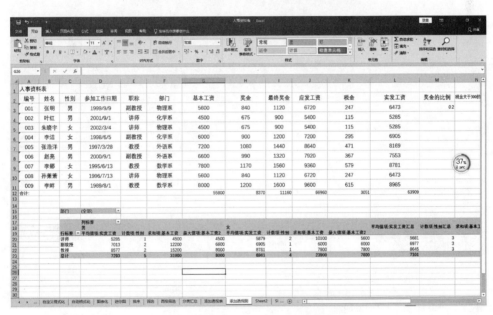

图 4-57　增加"基本工资"字段的数据透视表

图 4-58　删除"税金"后的数据透视表

3. 切片器的应用

在"人事资料表.xlsx"工作簿中,复制"添加透视表"工作表为"切片器的应用"工作表。

提示:切片器的使用一定结合透视表或透视图来使用。

(1) 选中"人事资料表.xlsx"工作簿中的"切片器的应用"工作表。

(2) 选中透视表,选择"数据透视表工具"→"数据透视表分析"→"筛选"→"插入切片器"命令,打开如图 4-61 所示的"插入切片器"对话框。选中"姓名""部门""职称""基本工资"等字段,单击"确定"按钮,效果图如图 4-62 所示。

(3) 选中要格式化的切片器,单击"切片器工具"→"切片器"→"切片器样式",然后选择

表格处理软件——Excel

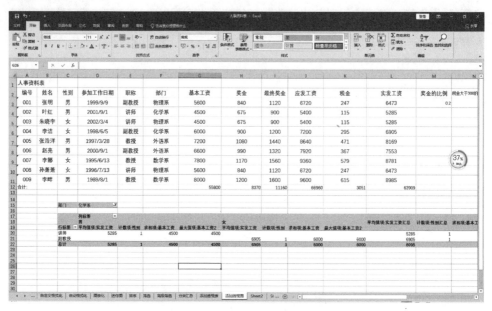

图 4-59　增加筛选条件后的数据透视表

图 4-60　数据透视表的格式化

一种样式,效果图如图 4-63 所示。

提示:透视表和透视图显示统计信息,切片器显示与统计信息有关的信息。

4. 数据透视图的建立及编辑

为"人事资料表.xlsx"创建数据透视图,要求用柱形图表示汇总信息。汇总各部门各职称男、女职工的税金和和实发工资的平均值。

(1)打开文件"人事资料表.xlsx"工作簿,选择"添加透视图"工作表,选择区域 A2:L11。

(2)选择"插入"→"表格"→"数据透视表"命令,打开"创建数据透视表"对话框。在该对话框中,选择 A2:K11 作为要分析的数据,选择现有的工作表并设置放置数据透视表的位置 B14:K37,设置结果如图 4-64 所示。单击"确定"按钮,选择"数据透视表工具"→"数据透

图 4-61 "插入切片器"对话框

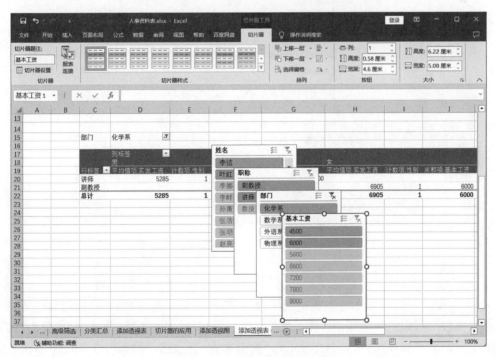

图 4-62 增加切片器后的效果图

视表分析"→"工具"→"数据透视图"命令,在打开的"插入图表"对话框中选择一种图表,如簇状柱形图。

(3)单击"确定"按钮,效果如图 4-65 所示。此时的数据透视图是空图,若要生成数据透视图,还需要进行数据透视图字段的设置。

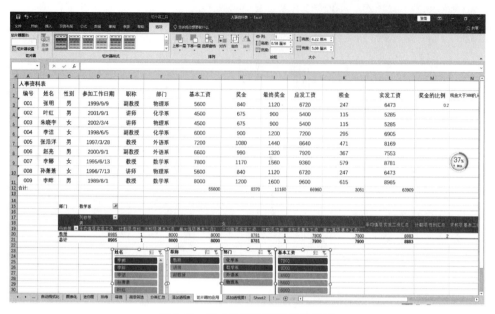

图 4-63　格式化切片器后的效果图

图 4-64　"创建数据透视表"对话框

（4）在如图 4-65 所示的空数据透视图中，分别将"部门"拖入"报表筛选"区域；"职称"拖入"轴字段"区域；"性别"拖入"轴字段"区域，"税金"和"实发工资"分别拖入"数值"区域。在数据区中，系统自动将"税金""实发工资"的汇总方式设置为"求和"，如果设定不正确，可双击相应按钮进行修改，如图 4-66 所示。

（5）根据需要添加。将要添加的字段拖入相应的区域即可。例如，增加"基本工资"的总和。将"基本工资"字段拖入"数值"区。结果如图 4-67 所示。

（6）根据需要删除字段。将要删除的字段的选中标志取消即可。例如，删除"职称"的分类。将"职称"字段的标志取消。结果如图 4-68 所示。

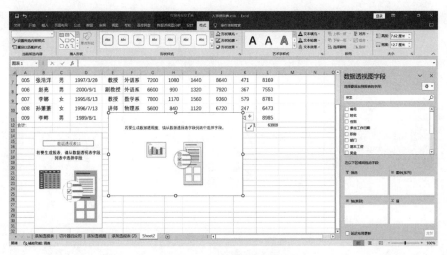

图 4-65　空的数据透视图

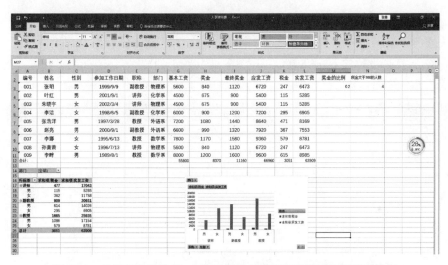

图 4-66　各部门各职称男、女职工的税金和实发工资透视表和透视图

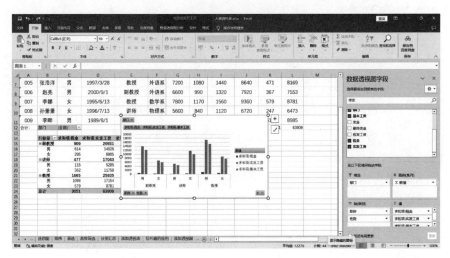

图 4-67　各部门各职称男、女职工的税金、实发工资和基本工资透视表和透视图

表格处理软件——Excel

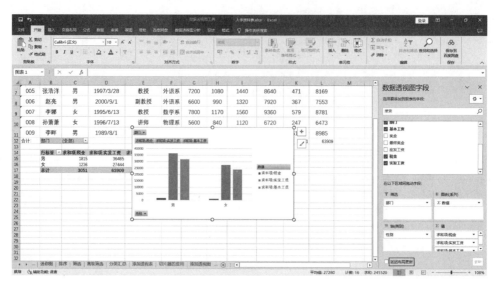

图 4-68　各部门男、女职工的税金、实发工资和基本工资总和透视图

（7）修改字段的汇总方式。例如，将"基本工资"字段的求和改为求平均值。在值区域，选中"基本工资"字段后的下拉列表，打开如图 4-55 所示的"值字段设置"对话框。在汇总方式中选择"平均值"，单击"确定"按钮。效果图如图 4-69 所示。

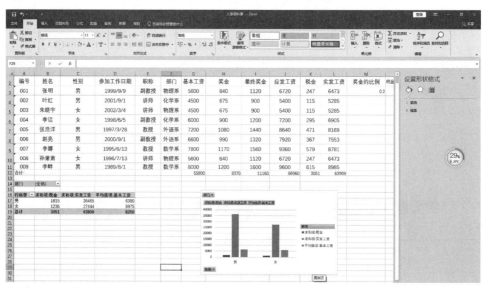

图 4-69　各部门各职称男、女职工的税金、实发工资总和及平均基本工资透视表和透视图

（8）可根据需要设置筛选条件。例如，只看"化学系"的各个统计数据，则在部门的搜索中只勾选"化学系"，单击"确定"按钮。结果如图 4-70 所示。

（9）切片器的应用。例如，在"化学系"汇总信息的基础上，想了解"化学系"的"姓名""基本工资""应发工资"和"税金"的详细信息。选择"数据透视图工具"→"数据透视图分析"→"筛选"→"插入切片器"命令，在打开的"插入切片器"对话框中选中"部门""姓名""性别""职称""税金""应发工资"等字段，单击"确定"命令。根据需要对各个切片器进行格式化处理。效果图如图 4-71 所示。

图 4-70　化学系男、女职工的税金、实发工资和平均基本工资透视表和透视图

图 4-71　化学系职工的姓名、性别、职称、税金、实发工资和基本工资的统计信息和详细信息

三、实验任务

选取"练习"文件夹中"员工工资表. xlsx"工作簿中的"一月份工资表",并复制成"数据透视表——一月份工资表"工作表和"数据透视图——一月份工资表"工作表并按如下要求进行操作:

1. 在"数据透视表"工作表中,以"编号"为筛选项,以"部门"为列标签,"工资等级"为行标签,"基本工资"和"实发工资"为求和项,建立数据透视表并放于该工作表中。

2. 在"数据透视表"工作表中,增加"分组""编号""部门""职务工资""实发工资"的切片。

表格处理软件——*Excel*

3. 在"数据透视表"工作表中,对透视表和切片进行格式化。

4. 在"数据透视图"工作表中,以"部门"为筛选项,以"分组"为轴标签,"职务工资"为求和,"实发工资"为求平均值,建立柱型数据透视图并放于该工作表中。

5. 在"数据透视图"工作表中,增加"工资等级""编号""基本工资""实发工资"的切片。

6. 在"数据透视图"工作表中,对透视图和切片进行格式化。

四、思考题

1. 请比较数据透视表与分类汇总的不同用途。

2. 在数据透视表(图)中怎样隐藏和显示明细数据?

3. 如何将数据透视表嵌入在当前工作表中?

4. 如何操作既能显示统计信息又能显示详细信息?

第5章 幻灯片制作软件——PowerPoint

实 验 环 境

1. 中文 Windows 11 操作系统。
2. PowerPoint 2019 应用软件。

实验一　PowerPoint 2019 的创建和基本编辑

一、实验目的

1. 了解 PowerPoint 2019 的启动方法。
2. 熟悉 PowerPoint 2019 的工作界面。
3. 熟悉演示文稿的新建、打开和保存的方法。
4. 掌握 PowerPoint 2019 的基本编辑。

二、案例

1. 启动 PowerPoint 2019

（1）使用"开始"→"所有程序"栏启动。

（2）使用桌面快捷方式启动。

2. 创建新演示文稿

选择"文件"→"新建"命令，在"空白演示文稿"区域单击"创建"按钮，即可创建新的演示文稿，如图 5-1 所示。

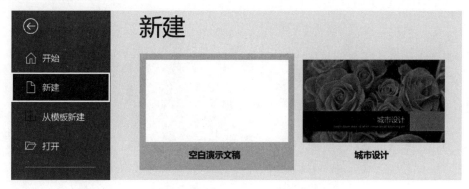

图 5-1　"新建空白演示文稿"对话框

3. 新建幻灯片

新建演示文稿后,系统自动创建一个幻灯片。根据需求,新建幻灯片。

图 5-2　插入新幻灯片

（1）使用"开始"选项卡。

单击功能区的"开始"→"幻灯片"→"新建幻灯片",在弹出的菜单中选择"标题和内容"幻灯片,如图 5-2 所示,系统自动创建一个新的幻灯片。

（2）使用鼠标右键。

在"幻灯片缩略图"窗格的任意位置右击,在弹出的快捷菜单中选择"新建幻灯片",添加新的幻灯片。

（3）使用"插入"选项卡。

单击功能区的"插入"→"幻灯片"→"新建幻灯片",在弹出的菜单中选择"两栏内容"幻灯片。

（4）使用快捷键。

按下快捷键 Ctrl＋M,会添加一张与上一张幻灯片相同版式的幻灯片。

4. 确定演示文稿的主题

选择"设计"→"主题"→"徽章"命令,确定幻灯片的主题。

5. 确定幻灯片的版式

选中第 4 张幻灯片,选择"开始"→"幻灯片"→"版式"命令,在打开的下拉列表中选择"比较"版式。

6. 输入文字并编辑

（1）在第一张幻灯片的"单击此处添加标题"处输入文字"计算机的发展"。选中输入的字体:选择"开始"→"字体"命令,将文字设置为"黑体";再选择"开始"→"字号"命令,在下拉列表中选中字号为"100";再选择"开始"→"字体颜色"命令,在下拉列表中选中"红色",将字体颜色设置为红色。在"单击此处添加副标题"处输入"汇报人:张三"。按上一步操作,将文字设置为"宋体""36"。设置结果如图 5-3 所示。

图 5-3　幻灯片文字设置效果

（2）在第 2 张幻灯片的"单击此处添加文本"处输入"使用 PowerPoint 2019 可以轻松创建演示文稿，演示文稿可以包含文、图片、视频等元素，并通过设置播放动画等内容，生动形象地展示文稿内容。PowerPoint 2019 主要有以下几项新增功能"。

（3）选择第 2 张幻灯片，选择"插入"→"文本"→"文本框"命令，在打开的下拉列表中选择"绘制横排文本框"，拖动到幻灯片中，单击文本框直接输入文字"平滑切换功能。PowerPoint 2019 附带平滑切换功能，可帮助跨演示文稿的幻灯片实现流畅的动画、切换和对象移动。缩放定位功能，可于演示时按之前确定的顺序在演示文稿的特定幻灯片、节和部分之间来回跳转，并且从一张幻灯片到另一张幻灯片的移动进行缩放。"

7. 段落设置

选中在第 2 张幻灯片中输入的文本，选择"开始"→"段落"命令，在段落组中单击"居中"，便可以实现文本居中对齐设置；或者选中文本，右击，在弹出的快捷菜单中选择"段落"命令，在打开的"段落"对话框中，在"对齐方式"下拉列表中选择"居中"，即可将所选文本设为居中。选中在第 2 张幻灯片中插入的文本框中的文本，选择"开始"→"段落"命令，在段落组中单击"居中"，便可以实现文本居中对齐设置，或者选中文本，右击，在弹出的快捷菜单中选择"段落"命令，在打开的"段落"对话框中，在"对齐方式"下拉列表中选择"居中"，即可将所选文本设为居中。"行距"为"1.5 倍行距"，如图 5-4 所示。

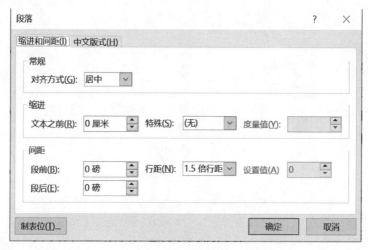

图 5-4　设置段落

8. 添加项目符号和编号

（1）添加项目符号或编号。

在第 3 张幻灯片的文本占位符中输入"新增功能"文本，另起一段输入"基本操作"文本。选中输入的文本，选择"开始"→"段落"→"项目符号"按钮右侧的下拉按钮，在打开的下拉列表中选择一种项目符号，如图 5-5 所示，便为所选文本添加了项目符号。

（2）更改项目符号或编号外观。

选中已经添加了项目符号的文本，选择"开始"→"段落"→"项目符号"按钮右侧的下拉按钮，在打开的下拉列表中选择"项目符号和编号"，单击"自定义"，在打开的"符号"对话框中选择需要的符号作为项目符号的外观，如图 5-6 所示，单击"确定"，完成项目符号外观修改。

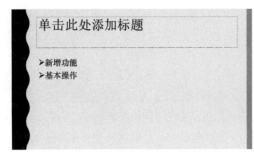

图 5-5　添加项目符号

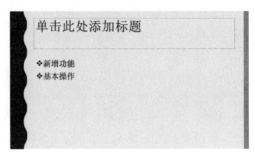

图 5-6　修改项目符号外观

9. 添加超链接

选择第 2 张幻灯片,选中"平滑切换",选择"插入"→"链接"→"超链接"命令,打开"插入超链接"对话框,切换到"本文档中的位置",如图 5-7 所示,在"请选择文档中的位置"列表框中选择准备链接的位置,例如第 4 张幻灯片,确认选择后,单击"确定"按钮,添加超链接,如图 5-7 所示。

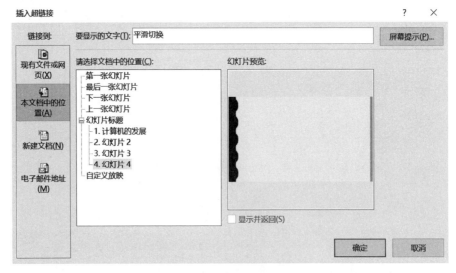

图 5-7　"插入超链接"对话框

10. 设置背景和主题

(1)选中第 1 张幻灯片,选择"设计"→"自定义"→"设置背景格式"命令,随即打开"设置背景格式"对话框,自动切换到"填充"面板,选中"渐变填充",在"预设渐变"下拉列表中选择"顶部聚光灯,个性色 1"选项,结果如图 5-8 所示。

(2)选择第 3 张幻灯片,选择"设计"→"主题"命令,在打开的下拉列表中选择"基础"选项。右击"基础"选项,在弹出的快捷菜单中选择"应用于选定幻灯片"命令,将此幻灯片的主题颜色更改为"基础"主题的颜色效果,如图 5-9 所示。

11. 保存新演示文稿

选择"文件"→"保存"命令,或者在快速访问工具栏中单击"保存"按钮,打开"另存为"对话框,从中选择工作簿的保存位置,在文件名下拉列表文本框中输入要保存的名称"计算机的发展"。

图 5-8 设置背景

图 5-9 设置主题

选择"文件"→"另存为"命令,选择保存位置,输入演示文稿名"计算机的发展"并选择保存类型(默认 PowerPoint 文稿),单击"保存"按钮,即可完成。

12. 打开已有演示文稿

(1)在"资源管理器"中找到需要打开的 PowerPoint 文档,双击便可以打开指定的演示文稿。

(2)先启动 PowerPoint,再选择"文件"→"打开"命令,打开"打开"对话框,选择需要打开的文件,如图 5-10 所示,单击"打开"按钮。

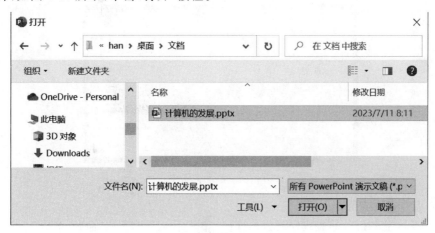

图 5-10 利用资源管理器打开演示文稿

幻灯片制作软件——*PowerPoint*

三、实验任务

1. 设计一个"自我介绍"的演示文稿,要求不少于 6 张幻灯片。
2. 使用不同方法新建不同版式的幻灯片。
3. 建立超链接。
4. 设置背景和主题。
5. 在幻灯片中输入文字。
6. 编辑幻灯片中的文字。

四、思考题

1. 各种视图分别适合什么操作?
2. 保存和另存为有什么区别? 分别怎样实现?

实验二　艺术字、图表图形、SmartArt 等对象的插入与编辑

一、实验目的

1. 掌握幻灯片中添加艺术字、图表图形、SmartArt 等对象的方法。
2. 掌握幻灯片中艺术字、图表图形、SmartArt 等对象的编辑方法。

二、案例

1. 使用艺术字输入标题

打开演示文稿"计算机的发展.pptx",选中第 3 张幻灯片,选择"插入"→"文本"→"艺术字"命令,选择"填充:红色,主题色 2;边框:红色,主题色 2",在"请在此处放置您的文字"处单击并输入"计算机概述",将其字号设置为"54"。删除幻灯片的标题占位符,将艺术字调整到原标题占位符位置,效果如图 5-11 所示。

图 5-11　添加艺术字

2. 添加并设置表格

(1) 将第 4 张幻灯片的版式修改为"空白",选择"插入"→"表格"命令,单击"表格"按钮,在打开的表格列表中,拖动鼠标选中 5×3 表格,单击鼠标,插入一个 5×3 的表格,如图 5-12 所示。

（2）选中第 1 行～第 3 行的单元格，选择"表格工具"→"布局"→"单元格大小"→"表格行高"命令，输入"2 厘米"。选中第 1 列的单元格，选择"表格工具"→"布局"→"单元格大小"→"表格列宽"命令，输入"6 厘米"。结果如图 5-13 所示。

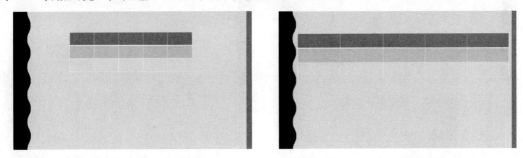

图 5-12　添加表格　　　　　　　　　　　　图 5-13　编辑表格

3. 添加并设置图片

（1）选择第 4 张幻灯片，选择"插入"→"图像"→"图片"→"此设备"命令，找到图片所在位置，单击"插入"按钮，如图 5-14 所示，将图片插入到幻灯片中。选中图片，将其移动到幻灯片的右下角。

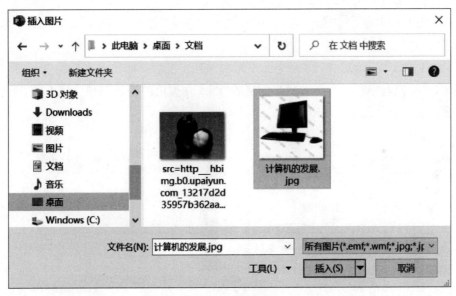

图 5-14　插入图片

（2）选中图片，选择"图片格式"→"大小"→"大小和位置"命令，取消选择"锁定纵横比"，将"高度"设置为"5 厘米"，"宽度"设置为"9 厘米"，如图 5-15 所示。

（3）选中图片，选择"图片格式"→"图片样式"→"其他"→"棱台形椭圆，黑色"命令，设置图式样式。

（4）选中图片，选择"图片格式"→"图片样式"→"图片效果"→"映像"命令，选择"全映像：8 磅，偏移量"，结果如图 5-16 所示。

（5）选择"插入"→"插图"→"图标"命令，在"插入图标"列表中选择"技术和电子组"中的"计算机"图标，单击"插入"按钮，如图 5-17 所示。

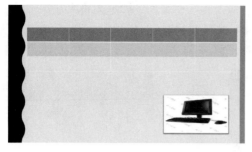
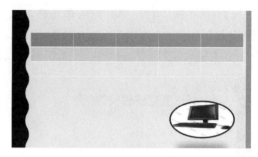

图 5-15　插入图片效果　　　　　　　　　图 5-16　编辑图片样式

4. 插入形状

（1）打开演示文稿"PowerPoint 2019 简介.pptx"，新建第 5 张幻灯片，修改其版式为"空白"。选择"插入"→"插图"→"形状"→"矩形"命令，按住鼠标左键在幻灯片中绘制矩形。

（2）选中添加的矩形，选择"绘图工具"→"形状格式"→"形状样式"→"形状效果"→"发光"命令，选中"发光：11 磅；青色，主题 3"，为矩形设置形状效果。

（3）选中添加的矩形，选择"绘图工具"→"形状格式"→"大小"命令，打开"大小和位置"对话框，设置矩形宽度为"17 厘米"，高度为"3 厘米"。

（4）双击矩形中心，在矩形中输入"计算机发展历史"文本，设置文本为"楷体""50 号""下画线""黑色"。

（5）按上述步骤，插入一个半径为 2 厘米的圆形。设置其形状填充为绿色，将其移动到矩形右侧，一半圆与矩形重合。点中圆形然后右击，在弹出的快捷菜单中选择"置于底层"。上述步骤设置结果如图 5-18 所示。

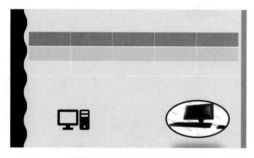

图 5-17　插入图标　　　　　　　　　　图 5-18　插入图形

5. 添加 Smart 图形

（1）选择第 5 张幻灯片，选择"插入"→"插图"→"SmartArt"命令，在打开的"选择 SmartArt 图形"对话框中选择"列表"组中的"垂直框列表"，单击"确定"按钮。

（2）选择 SmartArt 图形，在左侧打开的"在此处键入文字"处，分别键入"第一阶段""第二阶段""第三阶段"文本。

（3）选择 SmartArt 图形，选择"SmartArt 工具"→"SmartArt 设计"→"SmartArt 样式"命令，选择"细微效果"，再单击"更改颜色"，在打开的下拉列表中选择"彩色"中的"彩色范围-个性色 3 至 4"。

（4）选择 SmartArt 图形，选择"开始"→"字体"命令，设置 SmartArt 图形中的字体为"隶书""28""加粗"。上述设置结果如图 5-19 所示。

6. 添加图表

（1）新建第 6 张幻灯片。选择"插入"→"插图"→"图表"命令，在打开的所有图表选项列表中，选择"饼图"组中的"饼图"选项，单击"确定"按钮，完成饼图的插入。

（2）选择插入的饼图，右击，在弹出的快捷菜单中选择"编辑数据"命令，弹出"Microsoft PowerPoint 中的图表"文件，在单元格中输入要显示的数据，根据需要调整蓝色线区域大小（数据参考素材中的"全球超级计算机统计数据"文件）。关闭 Excel 后，返回到幻灯片中，可看到已经插入的饼图。

（3）选择插入的饼图，选择"图表工具"→"图表设计"→"图表布局"→"添加图表元素"命令，在打开的下拉列表中选择"数据标签"→"数据标签外"命令。选择"开始"→"字体"命令，设置字体为"宋体""24"。上述设置结果如图 5-20 所示。

图 5-19　添加 SmartArt 图形

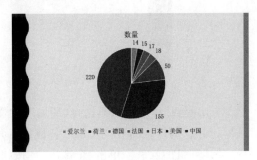

图 5-20　插入图表

三、实验任务

1. 在实验一创建的演示文稿中添加图形、图片、表格、Smart 图、图表。
2. 对添加的对象进行编辑设置。

四、思考题

1. 各类型的图表分别适用于展示什么样的数据？在应用中如何选择？
2. SmartArt 图形的特点是什么？与形状图形的区别有哪些？

实验三　演示文稿的动画设置和放映设置

一、实验目的

1. 了解母版，定制自己的母版。
2. 学会设置动画的基本方法。
3. 了解放映方法和切换方式。
4. 了解幻灯片的打印方法。

二、案例

1. 母版设计与应用

（1）打开演示文稿"计算机的发展.pptx"，选择"视图"→"母版视图"→"幻灯片母版"命令，选中某一版式的幻灯片母版，选中标题占位符，修改相应的字体格式，插入图片，如图 5-21 所示。

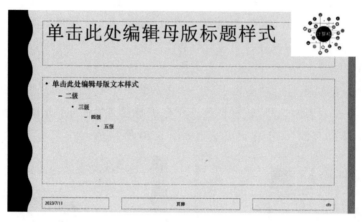

图 5-21　修改母版

（2）切换到"母版视图"，选择"插入"→"文本"→"页眉和页脚"命令，打开"页眉和页脚"对话框，勾选"幻灯片编号""页脚""标题幻灯片中不显示"复选框，在"页脚"文本框中输入页脚内容"计算机的发展"，单击"全部应用"按钮，如图 5-22 所示。

图 5-22　在母版中加入页眉和页脚

2. 幻灯片的切换设置

选择"切换"→"切换到此幻灯片"命令，打开切换方式库后，单击"华丽"型组中的"百叶窗"图标，单击"效果选项"按钮，在打开的下拉列表中单击"垂直"选项，单击"计时"选项组中"声音"下拉列表框右侧的下三角按钮，在打开的下拉列表中单击"风铃"，单击"计时"选项组中"持续时间"数值框内输入需要设置的切换时间，取消选择"单击鼠标时"复选框，选择"设置自动换片时间"复选框,将换片时间设置为 2 秒,如图 5-23 所示。

3. 动画设计

(1)新建版式为"垂直排列标题与文本"的第 7 张幻灯片,输入文字如图 5-24 所示。选中要设置动画的对象,选中标题"超级计算机特点",切换到"动画"选项卡,单击"动画"组中的折叠按钮,展开动画库,单击需要使用的"飞入"动画效果。

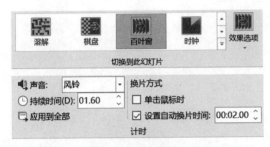

图 5-23　设置切换方式　　　　　　图 5-24　垂直排列标题与文本版式

(2)选中"运算速度快",展开动画库,选择"更多进入效果",如图 5-25 所示。在"华丽"型组中单击"字幕式",单击"确定"按钮。

(3)选中"计算精确度高",展开动画库,选择"更多强调效果",如图 5-26 所示。选择"细微"型中的"加粗闪烁",单击"确定"按钮。

图 5-25　设置进入效果　　　　　　图 5-26　设置强调效果

(4)选中"逻辑运算能力强",展开动画库,选择"其他动作路径",如图 5-27 所示。选择"基本"中的"平行四边形",单击"确定"按钮。

(5)选中"存储容量大",展开动画库,选择展开动画库,选择"更多退出效果",如图 5-28 所示。选择"温和"中的"回旋",单击"确定"按钮。

图 5-27　设置动作路径

图 5-28　设置退出效果

图 5-29　综合添加动画效果

（6）经过上述动画设置之后的幻灯片效果如图 5-29 所示。

（7）选择需要编辑的动画效果后，单击"计时"选项组中"开始"下拉列表框右侧下拉按钮，选择"上一动画之后"选项，其他各项可以按此方法完成更改动画运行方式的操作。

（8）选择"运算速度快"，单击"计时"选项组中"对动画重新排序"下的"向前移动"按钮，可以更改动画排序。

（9）选择"超级计算机"，单击"动画效果"下方展开按钮，弹出所添加动画效果的"飞入"选项，如图 5-30 所示。选择"声音"效果为"风铃"，单击"确定"按钮。

4. 打印幻灯片

（1）选择"设计"→"自定义"→"幻灯片大小"→"自定义幻灯片大小"命令，选择"A4 纸张"，"方向"选择"纵向"，如图 5-31 所示，单击"确定"按钮。

（2）选择"文件"→"打印"命令，在"打印机"下拉列表框中选择准备使用的打印机，在"设置"下拉列表框中选择"打印全部幻灯片"选项，选择每张"2 张幻灯片"，效果如图 5-32 所示，单击"打印"，这样完成打印的操作。

三、实验任务

1. 为实验二制作的演示文稿设置幻灯片母版。

2. 对演示文稿进行动画设置。

图 5-30　添加动画声音

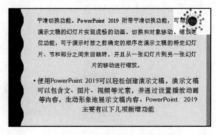

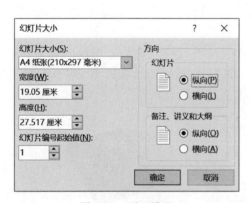

图 5-31　页面设置

图 5-32　幻灯片打印设置

3. 对演示文稿进行切换设置。

4. 将演示文稿打印成 PDF 文件。

四、思考题

1. 幻灯片母版有哪几类？分别有什么特点？

2. 切换和动画的区别是什么？

幻灯片制作软件——*PowerPoint*

第6章 计算机网络应用基础

实 验 环 境

1. 中文 Windows 11 操作系统。
2. 网络交换机。
3. 无线网络 Wi-Fi 接入点。

实验一 组建局域网

一、实验目的

1. 学习双绞线制作。
2. 学习网卡、无线网卡的驱动程序安装及网卡适配器的基本配置。
3. 学习计算机接入局域网。

二、案例

1. 组网工具

计算机有线接入局域网需要交换机、网卡、双绞线和 RJ-45 水晶头,网线制作需要专用的工具,包括双绞线专用钳和专用网线测试仪。如图 6-1 所示。计算机无线接入局域网需要无线网卡、Wi-Fi 的 AP(Wireless Access Point,无线接入点)。

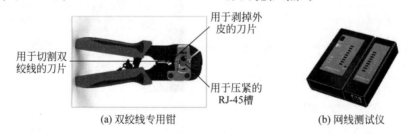

(a) 双绞线专用钳   (b) 网线测试仪

图 6-1   双绞线专用钳和网线测试仪

2. 制作双绞线

RJ-45 水晶头接线方式如图 6-2 所示,双绞线具体步骤如下:

(1) 用双绞线专用钳切割刀片切割出长度合适的双绞线(推荐不超过 90m)。

(2) 用双绞线专用钳剥线刀片剥出 1.5~2cm 长的双绞线。

(3) 将双绞线按表 6-1 的顺序排列好,可参见图 6-3。当前布线多采用 T568B 标准的线

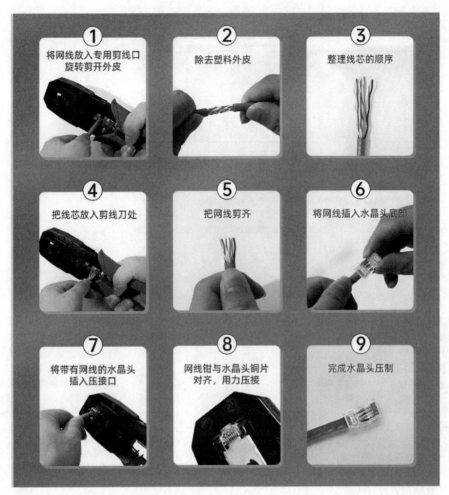

图 6-2　网线 RJ-45 水晶头接线方法

序,参照图 6-2 的步骤制作双绞线 RJ-45 水晶头。

表 6-1　T568B 接线标准

1	2	3	4	5	6	7	8
橙白	橙	绿白	蓝	蓝白	绿	棕白	棕

（4）按照相同的线序制作另一端的 RJ-45 接头。

（5）将制作好的双绞线两个 RJ-45 接头分别插入到网线测试仪的 RJ-45 接口,测试是否连通。若网线测试仪指示灯逐对亮起绿灯,说明双绞线制作成功;若出现红灯或不亮,说明制作失败。

3. 安装网卡硬件

图 6-4 是 Intel 芯片组的示意,目前 Intel 芯片组默认包含无线网卡,并且支持选配的有线网卡。当前轻薄、便携笔记本计算机仅支持 Wi-Fi 网卡,台式计算机、性能笔记本计算机一般同时支持 Wi-Fi 网卡、有线网卡。有线网络连接时,使用双绞线,需要安装有线网卡及网卡驱动来进行网络连接。

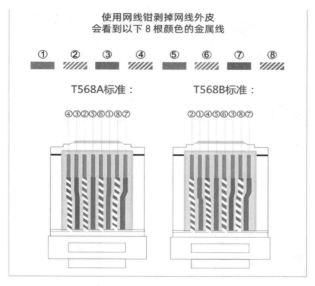

图 6-3　双绞线线序标准示意图

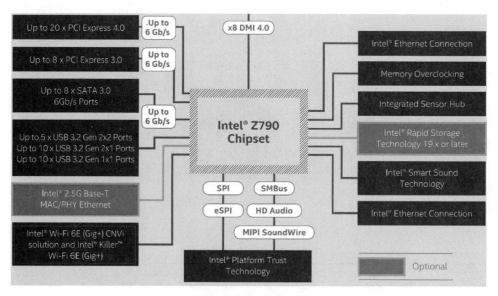

图 6-4　Intel 平台 12 代 CPU 芯片 Z790 芯片组参数

（1）安装网卡。

在切断计算机电源的情况下，打开主机机箱，将网卡插入总线插槽并固定好，然后盖好机箱（如果计算机中已经安装好网卡，可以省略此步骤）。目前有丰富的外接网卡，主机侧是 USB 接口（A 或 C 型接口），网络侧是 RJ-45 网口连接网线，所以除非专用网络服务器，很少需要打开计算机主机机箱安装网卡。目前流行的 Type C 扩展坞提供 USB 2.0、USB 3.0、RJ-45 网口、HDMI 显示、DP 显示、PD 供电等众多扩展接口，这种扩展坞已经成为时尚。

（2）安装网卡驱动程序。

重新启动计算机后，Windows 11 的即插即用功能会自动搜索到新硬件。Windows 11 自带绝大多数常见网卡的网卡驱动程序，如果 Windows 11 没能自动匹配安装网卡驱动程序,Windows 11 发现新硬件后,将显示"添加新硬件向导"对话框,选择"从磁盘安装",安装由厂商提供的驱动程序。也可以在控制面板中的"添加新硬件"或"系统"属性中的"设备管理器"中安装。

（3）计算机接入网络。

将双绞线一端连接到网卡的 RJ-45 接口上,另一端连接到交换机上,即可进行局域网通信,如图 6-5 所示。

图 6-5　网络接线图

4. 查看网络适配器

使用组合键"Win"＋X 或者在开始图标处右击唤出设置列表,在弹出的快捷菜单中选择"设备管理器",如图 6-6 所示。本处使用作者的计算机网卡为例展示。

（1）检查有线网络参数。

单击"网络适配器",选择有线网卡"Realtek PCIe GbE Family Controller",右击,在弹出的快捷菜单中选择"属性"命令,如图 6-7 所示。

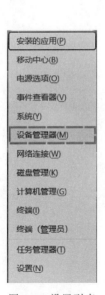

图 6-6　设置列表

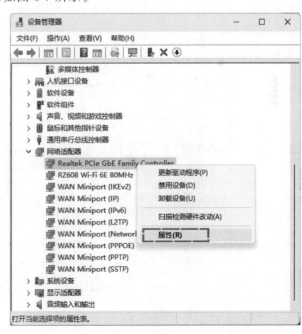

图 6-7　网络适配器——有线网卡

在"Realtek PCIe GbE Family Controller 属性"窗口,可以通过"高级"选项卡查看与修改网卡常用配置参数,如图 6-8 所示。这些参数绝大多数情况下都已经默认配置在最佳状态，无须更改。也可以通过"驱动程序"选项卡查看与更新网卡驱动程序，如图 6-9 所示。

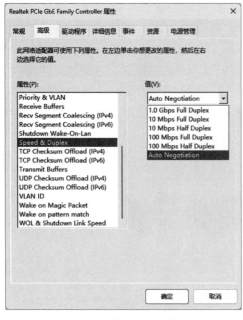

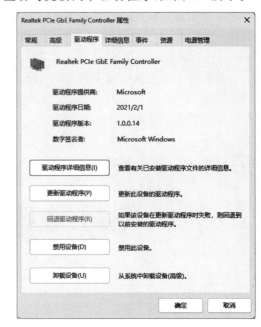

图 6-8　有线网卡参数信息　　　　　　　图 6-9　有线网卡驱动信息

（2）检查无线网络参数。

单击"网络适配器"，选择无线网卡"RZ608 Wi-Fi 6E 80MHz"，右击，在弹出的快捷菜单中选择"属性"命令，如图 6-10 所示。

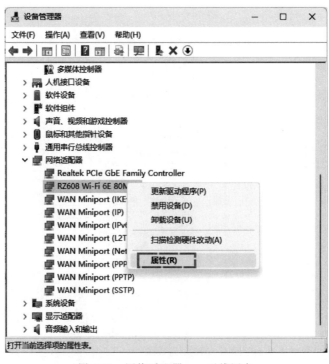

图 6-10　网络适配器——无线网卡

在"RZ608 Wi-Fi 6E 80MHz 属性"窗口，可以通过"高级"选项卡查看与修改网卡常用配置参数，如图 6-11 所示。可以清晰地看到 2.4GHz Wi-Fi 支持、5GHz Wi-Fi 支持，还有当前较新的 6GHz Wi-Fi 支持选项；也可以通过"驱动程序"选项卡查看与更新网卡驱动程序，如图 6-12 所示。

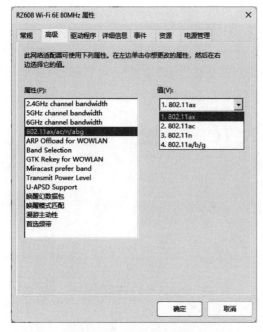

图 6-11　无线网卡参数信息

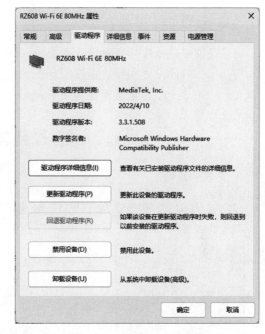

图 6-12　无线网卡驱动信息

（3）检查 Wi-Fi 的无线带宽占用及周边信号干扰。

本案例使用 NetSpot 应用测试北京物资学院无线校园网网络带宽，结果如图 6-13 所示。

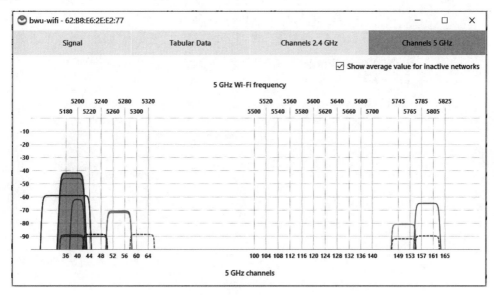

图 6-13　北京物资学院校园无线网络带宽

计算机网络应用基础

三、实验任务

1. 学习制作双绞线。
2. 查看计算机有线网络、无线网络配置。

四、思考题

1. 双绞线的线序标准有什么意义？
2. 什么时候需要制作直通线？什么时候需要制作交叉线？
3. USB 3.0 及以上接口支持千兆网卡 1000Mbps 是否有困难？

实验二　查看与修改 TCP/IP 配置

一、实验目的

1. 学习如何查看与修改 TCP/IP 配置。
2. 了解常用命令行工具，测试网络连接及通信。

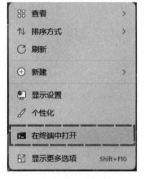

图 6-14　打开终端窗口

二、案例

TCP/IP 是用于因特网（Internet）的通信协议。本案例使用 IPv4 协议。

1. 查看 IP 配置

（1）在桌面右击，在弹出的快捷菜单中选择"在终端打开"命令，如图 6-14 所示。

（2）在弹出的终端窗口输入命令行"ipconfig/all"并按 Enter 键查看本机 IP 配置，如图 6-15 所示。本例中主机 IP 是 10.4.41.99，默认网关是 10.4.255.254，DNS 服务器是 192.168.0.238。这台计算机的 IP 地址是 192.168.0.239 服务器自动分配指派的参数。

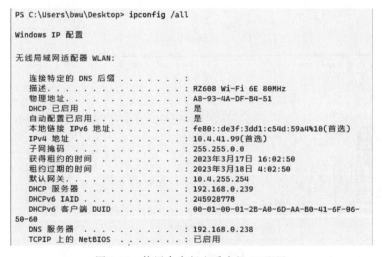

图 6-15　使用命令行查看本机 IP 配置

2. 修改 IP 配置

（1）IPv4 保留地址段及对应子网掩码如表 6-2 所示。

表 6-2　IPv4 保留地址段及对应的子网掩码

IP 保留地址段范围	默认子网掩码
10.0.0.0～10.255.255.255	255.0.0.0
172.16.0.0～172.31.255.255	255.240.0.0
192.168.0.0～192.168.255.255	255.255.0.0

（2）使用快捷键"Win"+X 或者在开始图标处右击唤出设置列表，在弹出的快捷菜单中选择"网络连接"命令，如图 6-16 所示。

（3）在"网络和 Internet"窗口选择"高级网络设置"→"更多网络适配器选项"命令，如图 6-17 所示。

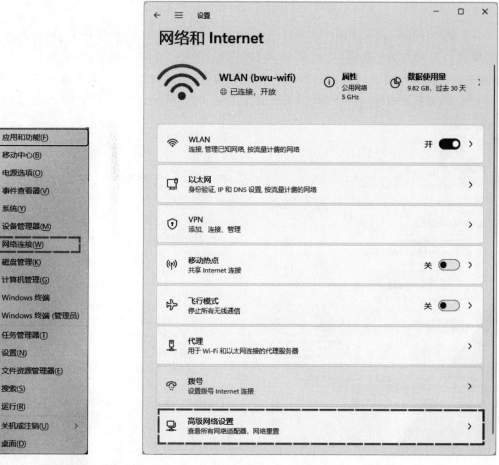

图 6-16　设置列表　　　　　　　　　图 6-17　网络和 Internet 窗口

（4）在现有网络连接中，选择"以太网"，右击，在弹出的快捷菜单中选择"属性"命令，如图 6-18 所示。

（5）在打开的"以太网 属性"窗口选择"Internet 协议版本 4（TCP/IPv4）"→"属性"命令，如图 6-19 所示。

计算机网络应用基础

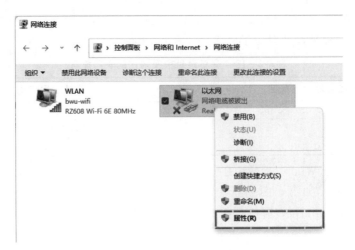

图 6-18　网络适配器

（6）在打开的"Internet 协议版本 4（TCP/IPv4）属性"窗口选择"使用下面的 IP 地址"并参照图 6-15 中信息类似填写，相同 IP 地址段保留地址中未被占用的 IP 地址、相同的子网掩码、默认网关与图 6-15 中默认网关相同。选择"使用下面的 DNS 服务器地址"并填写图 6-15 中的服务器地址，单击"确定"完成配置，如图 6-20 所示。

图 6-19　TCP/IPv4 属性

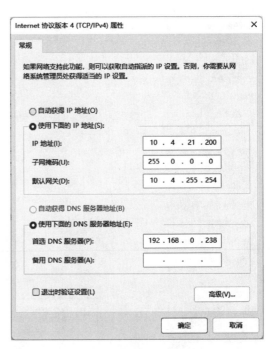

图 6-20　配置 IPv4 协议地址

（7）打开 Windows 终端窗口，输入命令行"ping '第（6）步中填写的 IP 地址'"，查看连接信息，如图 6-21 所示，则表示配置成功。

3. 使用命令行查看域名服务是否正常

（1）互联网上确定主机的是 IP 地址，但是 IP 地址不便于记忆，所以我们使用了便于记

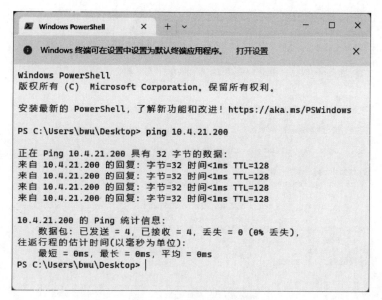

图 6-21　测试配置连通

忆的 DNS 主机名,比如 www.baidu.com。当我们访问 www.baidu.com 时,计算机必须得到 baidu 的 IP 地址才能通信。nslookup 命令可以手工查询主机的 IP 地址。具体使用方法如下:打开 Windows 终端窗口,输入命令行"nslookupwww.baidu.com"查看百度官网的 IP 地址,如图 6-22 所示。我们可以看出 192.168.0.238 的 DNS 服务器帮我们查询到了 baidu 的 IP 地址,知道了 baidu 的"门牌号码"我们就可以和 baidu 通信了。

图 6-22　使用 nslookup 命令解析 DNS 主机的 IP 地址

(2) tracert 命令是测试报文从发送端到目的地所经过的路由的方法,基于 ICMP 协议实现,能够直观展现报文在转发的时候所经过的路径。当网络出现故障时,用户可以使用 tracert 命令确定出现故障的网络节点。具体使用方法如下:打开 Windows 终端窗口,输入命令行"tracert www.baidu.com"查看计算机到百度官网所在服务器需要经过的路由以及域名是否解析成功,如图 6-23 所示。我们可以看出校园网到达 baidu 是从我们身边的网关

计算机网络应用基础

10.4.255.254 出发,经过校园网,网络接入运营商、互联网上多台路由设备,最终到达了 baidu。

图 6-23　使用 tracert 命令查看路由跳转路径

三、实验任务

1. 查看计算机当前的 IPv4 地址。
2. 修改当前计算机的 IPv4 地址并测试是否连通。
3. 使用 nslookup 命令查看北京物资学院官网(www.bwu.edu.cn)的 IP 地址。

四、思考题

1. 为什么需要手动配置 IP 地址?
2. 使用 tracert 命令行查看路由跳转路径时,为什么会出现请求超时?

实验三　网络打印

一、实验目的

1. 了解在网络上共享打印机的方法。
2. 学习打印机的安装及设置过程。

二、案例

打印机是计算机重要输出设备之一,要实现一台打印设备供给多台计算机使用,主要有

两种解决方案:

(1)打印设备通过并口或 USB 口直接连接在一台计算机上,通过在计算机上设置打印机共享,可以实现网络打印,如图 6-24 所示。文件及打印机共享也是 Windows 的重要局域网应用。

(2)打印设备上自带网络接口,可直接连接到网络上。如图 6-25 所示,这种打印机不再是计算机的外设,而是网络中的独立成员,打印机具有网络通信能力,用户可以通过网络直接访问使用该打印设备,打印效率更高,更适合企业级局域网应用。

图 6-24　连接在打印服务器上的打印机　　　　图 6-25　自带网络接口的打印机

1. 打印服务器连接打印机并共享

(1)Windows 11 支持自动连接打印机,如果你的计算机在使用并口或 USB 口连接后未能识别打印机,选择"设置"→"蓝牙和其他设备"→"打印机和扫描仪"命令,如图 6-26 所示。在"打印机和扫描仪"窗口选择"添加设备"→"手动添加"命令,如图 6-27 所示。

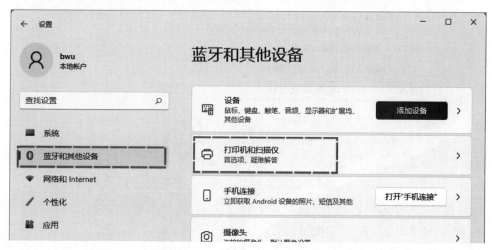

图 6-26　"打印机和扫描仪"窗口

(2)在添加打印机窗口选择"通过手动设置添加本地打印机或网络打印机",单击"下一页"按钮,如图 6-28 所示。

(3)如图 6-29 所示,选择正确的本地端口(一般是并口或 USB 口),单击"下一页"按钮,出现安装打印机驱动程序对话框。

(4)如图 6-30 所示,在"安装打印机驱动程序"对话框中选择打印机厂商和型号,或者选择"从磁盘安装",用从打印设备附带的光盘安装,然后单击"下一页"按钮。

图 6-27 手动添加打印机

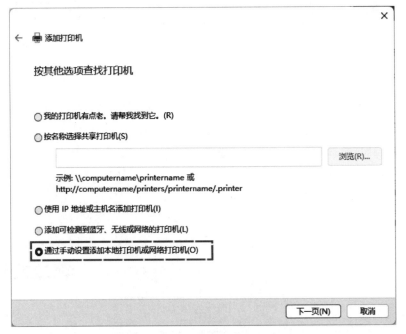

图 6-28 通过手动设置添加打印机

（5）在"键入打印机名称"对话框中给打印机起个名字，要求不超过 31 个字符，如图 6-31 所示，然后单击"下一页"按钮。

（6）在"打印机共享"对话框中选择共享该打印机，并在"共享名称"中输入共享名，如图 6-32 所示，然后单击"下一步"按钮。

（7）将添加的打印机设为默认打印机，选择是否进行打印测试，如图 6-33 所示，然后单击"完成"按钮，完成打印机的安装。

2. 添加网络接口的打印机（独立网络打印设备）

先将网络打印机连接到交换机上，根据说明书获取该打印机的 IP 地址，比如：192.168.0.1，通过修改计算机的 IP 地址或打印机的 IP 地址使计算机和打印机的 IP 地址在同一个网段，然后按以下步骤配置网络端口的打印机。

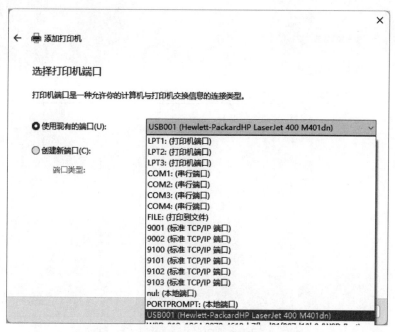

图 6-29 "添加打印机"→选择打印机端口

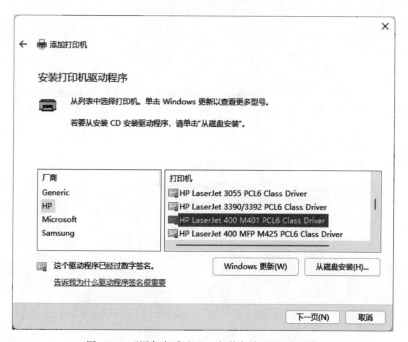

图 6-30 "添加打印机"→安装打印机驱动程序

（1）选择"设置"→"蓝牙和其他设备"→"打印机和扫描仪"命令，如图 6-26 所示。在如图 6-27 所示的"打印机和扫描仪"窗口选择"添加设备"→"手动添加"命令。

（2）在如图 6-28 所示的"添加打印机—按其他选项查找打印机"窗口选择"通过手动设置添加本地打印机或网络打印机"，单击"下一页"按钮。

（3）在"选择打印机端口"窗口中选择"创建新端口"单选按钮；在"端口类型"下拉列表

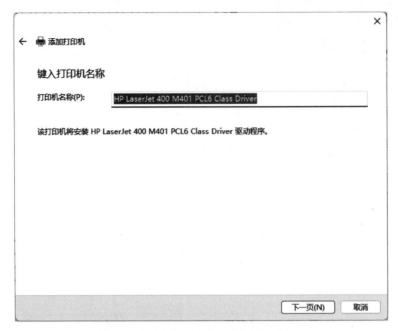

图 6-31 "添加打印机"→键入打印机名称

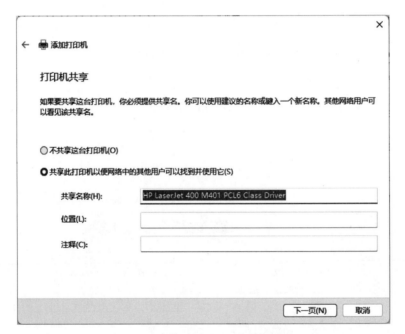

图 6-32 "添加打印机"→打印机共享

框中选择"Standard TCP/IP Port",如图 6-34 所示,然后单击"下一页"按钮,打开如图 6-35 所示的对话框。

(4) 在图 6-35 中输入打印机的 IP 地址,向导会自动生成端口名,单击"下一页"按钮。计算机自动检测 TCP/IP 端口,并检测连接到端口的打印机。

(5) 在如图 6-36 所示的"需要额外端口信息"中的"设备类型"中选择"标准"单选按钮,并在其右侧的下拉列表中选择"Generic NetWork Cart",单击"下一页"按钮。

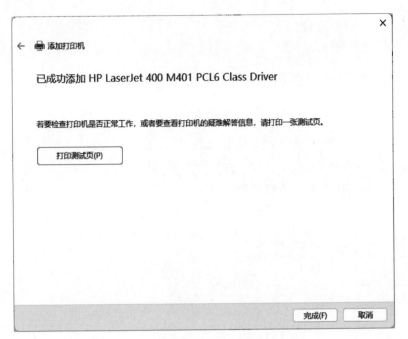

图 6-33 "添加打印机"→打印测试页

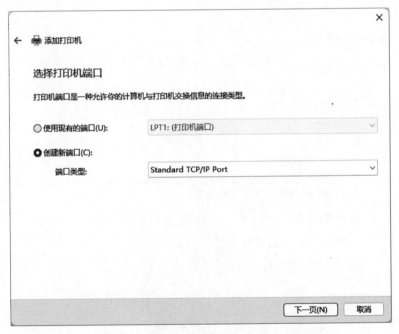

图 6-34 "添加打印机"→选择打印机端口

(6)接下来计算机自动检测驱动程序型号并安装打印机驱动程序,步骤与安装本地打印机类似,不再赘述。

3. 客户端连接共享网络打印机

(1)选择"设置"→"蓝牙和其他设备"→"打印机和扫描仪"命令,如图 6-26 所示。在"打印机和扫描仪"窗口选择"添加设备"→"手动添加"命令,如图 6-27 所示。

计算机网络应用基础

图 6-35 "添加打印机"→输入打印机主机名或 IP 地址

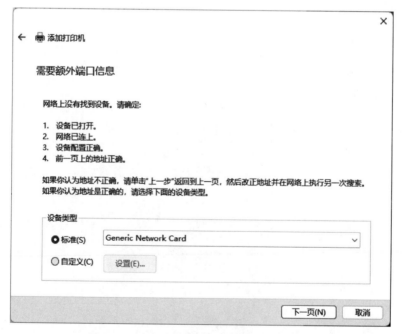

图 6-36 "添加打印机"→需要额外端口信息

(2) 在如图 6-37 所示的"添加打印机—按其他选项查找打印机"对话框中,选择"添加可检测蓝牙、无线或网络的打印机",单击"下一页"按钮,系统自动搜索出网上共享的打印机,如图 6-38 所示。

(3) 在如图 6-38 所示的对话框中单击选择前两步中共享的打印机,单击"下一页"按钮。

（4）接下来的步骤与安装本地打印机类似，不再赘述。

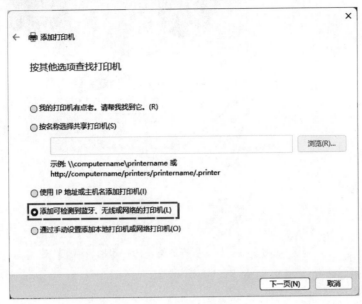

图 6-37　"添加打印机"→按其他选项查找打印机

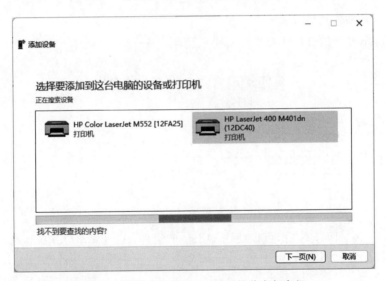

图 6-38　"添加打印机"→可用的共享打印机

4. 产品化的打印服务器

在数字化时代发展过程中，打印服务器越来越轻量化、专业化，现有的商品级打印服务器如图 6-39 所示，支持通过 USB 口、RJ-45 网口或者无线网络方式连接打印机，将打印机共享到网络环境中，并对不同计算机的打印任务进行统一管理。

三、实验任务

1. 在一台计算机上安装本地打印机，并设置共享。
2. 在另一台计算机上安装网络打印机，与前一台计算机共享打印机。

计算机网络应用基础

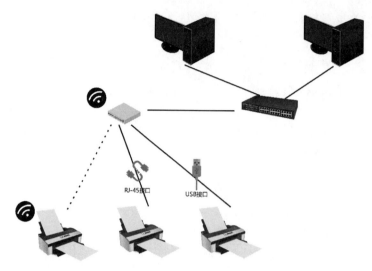

图 6-39　打印服务器管理的打印机

3. 安装一次网络接口的打印机。

四、思考题

1. 打印机有哪些共享方式?
2. 安装网络接口的打印机需要注意哪些问题?

实验四　邮件客户端

一、实验目的

1. 学习 Microsoft Outlook 中配置邮件账户。
2. 学习使用 Microsoft Outlook 收发和管理邮件。

二、案例

在完成 Office2019 安装后,可以使用 Office 的组件 Microsoft Outlook 2019 收发、管理邮件。选择"开始"→"所有程序"→"Outlook"命令,打开如图 6-40 所示的 Microsoft Outlook 窗口。

1. 配置登录邮件账户

(1) 初次打开 Outlook 时,需要绑定邮箱账户,没有邮箱的用户需要注册新邮箱,如图 6-41 所示,企业、学校的邮箱系统一般都是管理员在邮件服务器上预先分配设置好了用户的邮箱账户,你仅需向管理员获取你的账号、密码及关键配置信息。

常用的邮箱系统一般都在 Web 网上提供了主流客户端的配置手册,方便用户在邮件客户端中配置邮箱账户。通信协议是邮箱服务器、邮件客户端 Outlook 之间的通信方式,主流的邮箱系统都支持 IMAP、POP3、SMTP 等协议,很多邮箱系统还提供 Web 邮件,比如登录 http://mail. bwu. edu. cn 在网页浏览器中收发邮件。Outlook 客户端可以支持 IMAP、POP3、SMTP 等协议,本案例选择了常用的 IMAP 协议,使用的客户端配置如图 6-42 所示。

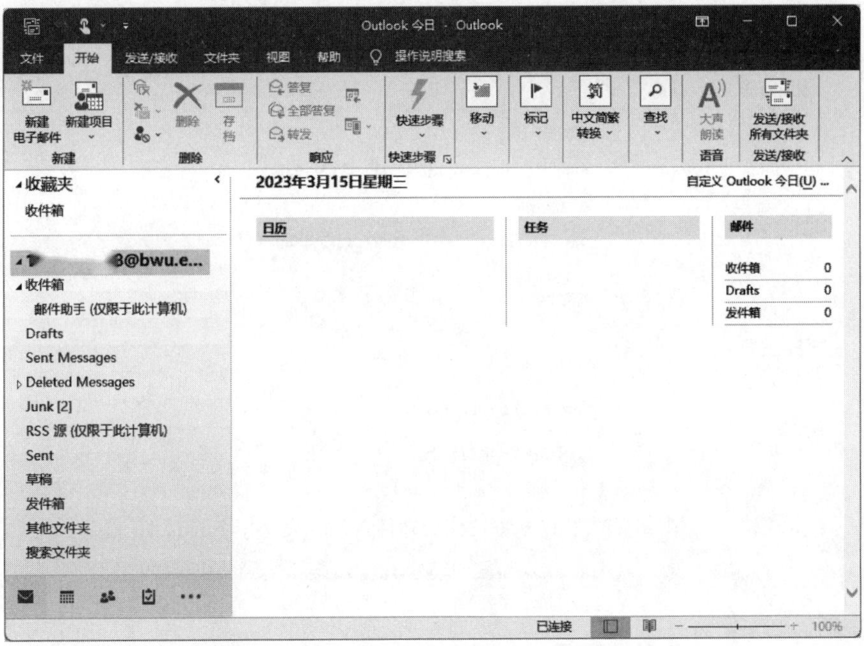

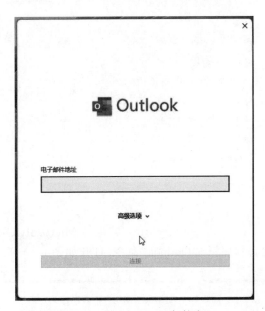

图 6-40　Microsoft Outlook 2019 主窗口

图 6-41　登录 Outlook 邮箱窗口

（2）在初次登录 IMAP 邮箱账户时，需要设置 IMAP 账户，选择"高级选项"→"让我手动设置我的账户"→"连接"→"IMAP"命令，填写接发邮件对应的服务器地址及端口信息，如图 6-43 所示。填写完毕后单击"下一步"按钮，按要求填写邮箱密码后，单击完成，即可将邮箱账户登录 Outlook，如图 6-44 所示。

2. 邮件的编辑与发送

（1）发送邮件。

在如图 6-40 所示的 Outlook 2019 主窗口中单击"新建电子邮件"按钮，打开新邮件撰

计算机网络应用基础

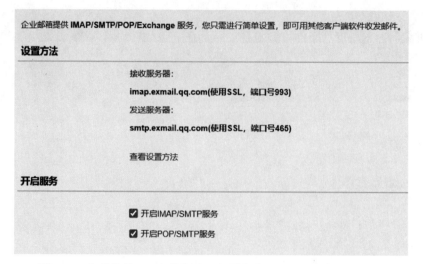

图 6-42　邮箱账号 IMAP 协议配置邮件接收和发送服务器帮助信息

图 6-43　配置邮箱 IMAP 账户窗口

写窗口,如图 6-45 所示。在"收件人"框中输入收件人的邮箱地址,若希望同时发送给多人,可在收件人框中输入多个邮件地址,用逗号分隔;在"抄送框"中,输入要抄送人的信箱地址,也可以输入多个信箱地址;在主题中,输入邮件主题,在收件人收到邮件后,该主题将直接显示在邮件列表中;在正文中输入邮件正文。输入完毕,单击工具栏上的"发送"按钮,只要计算机连在 Internet 网上,即可完成邮件的发送。

(2) 发送带附件的邮件。

在发送邮件时,可以将一个编辑好的文件作为附件一起随邮件发送。操作如下:在发

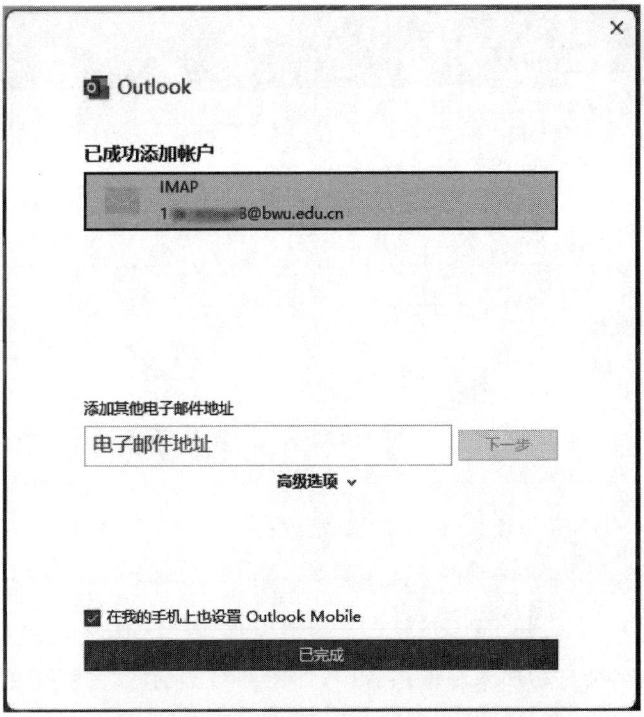

图 6-44　使用邮箱账户登录 Outlook 窗口

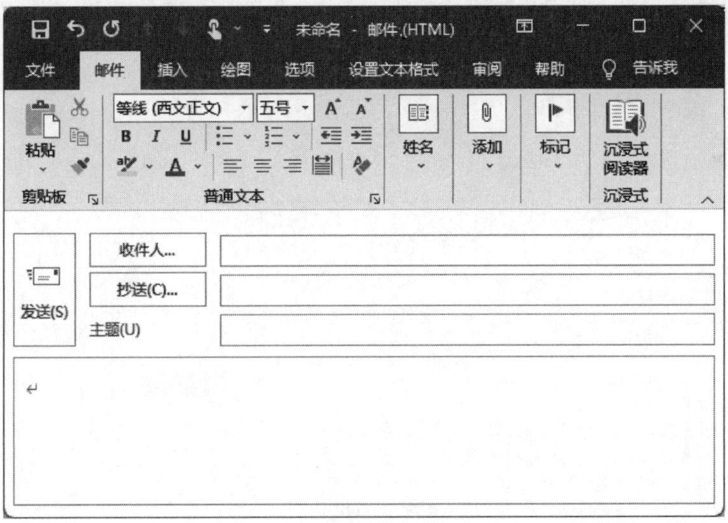

图 6-45　新建电子邮件窗口

送邮件前,单击工具栏中的"附加文件"按钮(曲别针图案),在打开的插入附件下拉列表中选择最近使用的项目,或者通过浏览"此电脑"找到作为附件的文件,单击"插入"按钮,回到邮件撰写窗口,同时插入的附件显示在"附件"框中,如图 6-46 所示,可以插入多个附件。

（3）发送带签名的邮件。

在发送邮件时,可以使用电子签名一起随邮件发送。操作如下:在发送邮件前,单击工具栏中的"签名"按钮,在打开的签名下拉列表中,选择已设置的电子签名,或者单击"签名"

图 6-46　添加了多个附件的电子邮件窗口

按钮,新建签名,签名会自动加入邮件内容中,如图 6-47 所示。签名设置后,后续邮件可以直接调用,不仅方便简洁而且规范并符合商务礼仪。

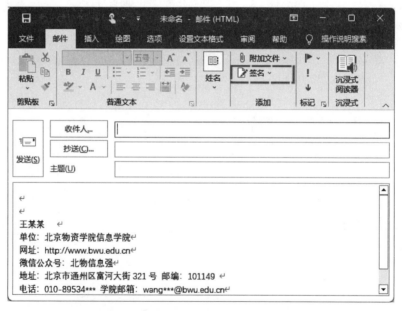

图 6-47　添加了签名的电子邮件窗口

3. 邮件的接收与阅读

在连接 Internet 的情况下启动 Outlook,则若发件箱中有邮件将被自动发送,若收件箱中有邮件将被自动接收到收件箱中。单击"发送接收"菜单下的"发送接收所有文件夹"命令也可以起到同样的作用。

收到邮件后,可单击用户名下的"收件箱",在邮件列表区域显示收到的邮件列表。单击要阅读的邮件,即在邮件列表的右侧显示该邮件的内容,如图 6-48 所示。

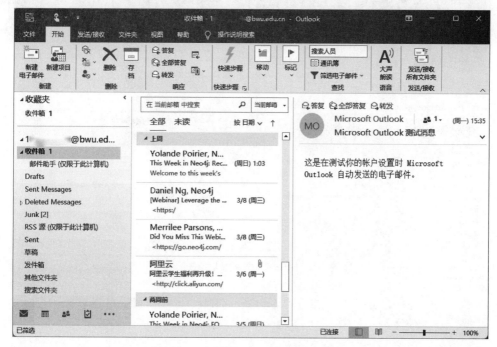

图 6-48　阅读已收到的电子邮件窗口

阅读邮件附件:若收到的邮件带有附件,则在邮件列表中的邮件标题左侧有"曲别针"图标。要阅读邮件附件或将附件保存到磁盘,可以双击附件,在打开的对话框中选择"保存"或"打开"按钮,单击"保存"按钮,在随后出现的对话框中选择保存位置,再单击"保存"按钮,就可以将附件文件保存在自己的计算机上。

4. 邮件的回复与转发

在如图 6-48 所示的窗口中,在收件箱中选中要回复的邮件,单击工具栏中的"答复"按钮,就会打开复信窗口,不用输入收件人地址,只需输入答复意见,即可发送。

在图 6-48 中,选中要转发的邮件,然后单击"转发"按钮,不用输入正文,只需输入收件人地址,单击"发送"按钮即可将邮件转发出去。

5. 邮件的搜索与分类

邮件列表上方搜索框可以对邮箱中邮件进行检索,在搜索框中输入需要搜索的关键词,如"邮件助手",系统将自动列出相关邮件。

在收件箱新建文件夹可以对邮箱内的邮件进行分类归纳。操作如下:在"收件箱"处右击,选择新建文件夹,对文件夹命名即可。文件夹成功建立后,可以将邮件移至新建文件夹,如图 6-49 所示。

三、实验任务

1. 访问网易或其他电子邮箱提供服务商网站,申请一个新信箱,查询针对 Outlook 客户端的配置信息。

2. 在 Microsoft Outlook 中配置并登录自己的邮箱账户。

计算机网络应用基础

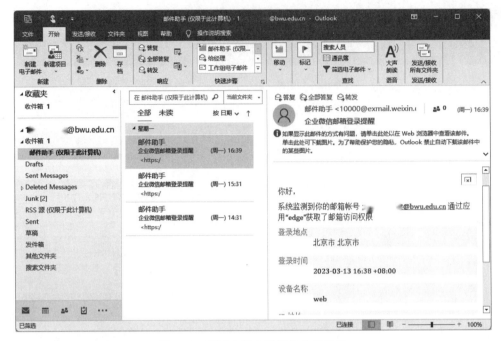

图 6-49　新建文件夹对邮件分类窗口

3. 使用新申请的邮箱给你的同学发送一封带附件带签名的邮件,同时让你的同学给你发送一封带附件带签名的邮件。

4. 接收同学的邮件并阅读,下载附件并打开附件浏览。

5. 给你的同学回复邮件。

6. 将同学发送来的邮件转发给另一个同学。

7. 建立三个文件夹,将相关邮件移动到新文件夹。

四、思考题

1. 使用 Outlook 收发邮件有何特点?

2. 建立文件夹管理邮件有什么用途?

3. Outlook 与其他常用的邮箱有什么不同?

实验五　浏览器简介

一、实验目的

1. 学习浏览器的使用。

2. 学习浏览器的设置。

二、案例

浏览器作为 WWW 服务客户端程序,通过 HTTP 访问 WWW 服务器,传输网页内容到本地计算机缓存,在浏览器中显示网页中的文字、图片、音频视频等网页内容。浏览器发行版很多,但内核仅有几种,常见的内核有 Webkit、Chromium/Blink、Trident、Gecko 等,本次实验主要使用 Windows 11 系统默认浏览器 Edge(Chromium 内核)进行案例操作。

1. 查看浏览器设置

(1) 在桌面或任务栏找到"Microsoft Edge"图标,打开应用。单击 Edge 浏览器窗口页面右上角的"..."。浏览器窗口如图 6-50 所示。

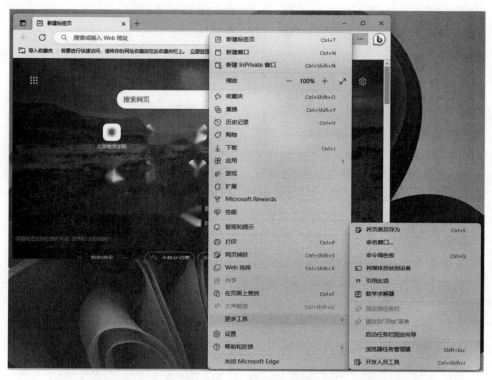

图 6-50　Edge 浏览器默认标签页窗口

(2) 在打开的下拉列表中单击"设置"。

(3) 在设置列表中,查看浏览器保留的个人信息,清除浏览器保留的浏览数据。

具体操作如下:选择"个人资料"→"个人信息"命令,查看浏览器保留的表单信息,如图 6-51 所示。选择"个人资料"→"密码"命令,查看浏览器保留的登录密码信息,如图 6-52 所示。

选择"隐私、搜索和服务"→"清除浏览数据"→"选择要清除的内容"命令,如图 6-53 所示,选择要清除的浏览数据并单击"立即清除"按钮。

2. 打开 InPrivate 隐私窗口

(1) 如图 6-50 所示,选择 Edge 浏览器窗口页面右上角"..."→"新建 InPrivate 窗口"命令,浏览器将新建并打开一个新的浏览窗口,如图 6-54 所示。

(2) 在隐私窗口模式下,浏览器将在用户关闭窗口后自动删除本次浏览数据,不保留 Cookie、浏览历史、下载记录在内的浏览数据。

3. 查看与安装浏览器扩展

(1) 如图 6-55 所示,选择 Edge 浏览器窗口页面右上角"..."→"扩展"命令,在打开的下拉列表中单击"管理扩展"。

图 6-51　浏览器保留的表单信息

图 6-52　浏览器保留的密码信息

图 6-53　清除浏览器保留的浏览数据

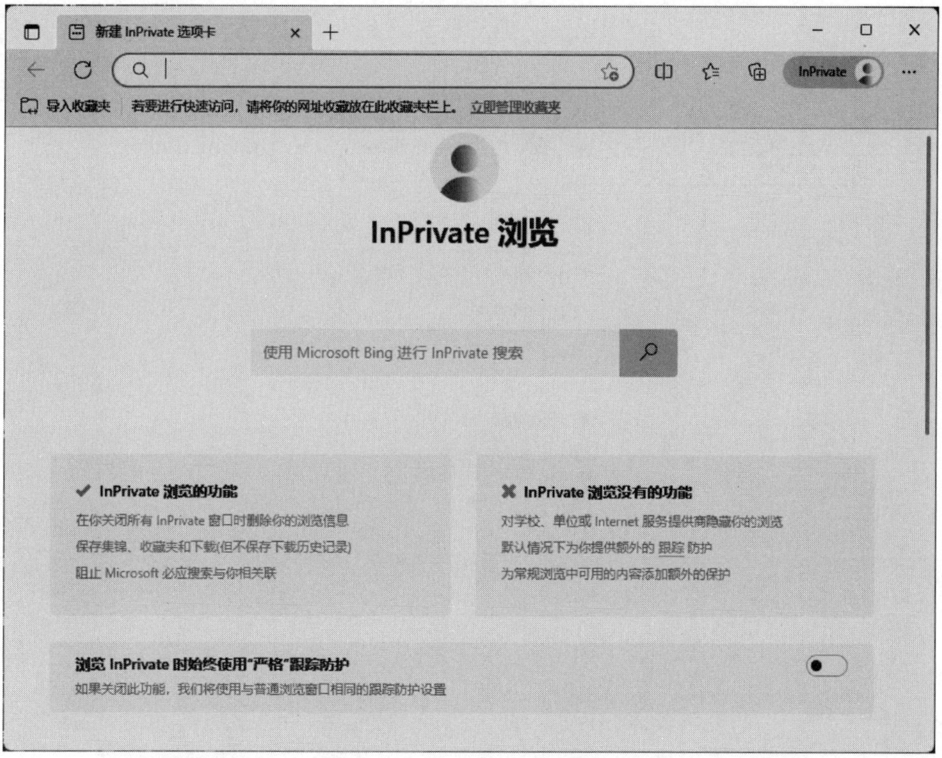

图 6-54　新建 InPrivate 隐私窗口

图 6-55　管理扩展窗口

（2）如图 6-56 所示，在扩展页面即可对已安装的浏览器扩展进行管理，也可通过单击"获取 Microsoft Edge 扩展"查找与安装新的浏览器扩展。

4. 使用 Web 选择复制页面内容

（1）如图 6-50 所示，选择页面右上角"…"→"Web 选择"命令，如图 6-57 所示，在当前浏览的页面上单击并拖动，以开始选择需要复制的内容，单击"复制"按钮，即可完成 Web 内容的选择复制。

计算机网络应用基础

图 6-56　管理与安装扩展

图 6-57　用 Web 选择复制页面内容

（2）通过 Web 选择复制的页面内容可以直接粘贴在 Word 文档中，复制内容包括文字、图片与超链接，可以根据用户需求进行选择性粘贴。

5. 使用开发人员工具查看页面内容

（1）使用快捷键"F12"快速唤出开发人员工具，或按照如图 6-50 所示，选择 Edge 浏览器窗口页面右上角"…"→"更多工具"→"开发人员工具"命令唤出开发人员工具视图。

（2）如图 6-58 所示，用户在开发人员视图下可以查看网页页面中文字、图片、音视频、动画、样式文件、脚本文件传输到本地的过程,也可以看见浏览器与 WWW 服务器状态信息、国别语言、压缩、时间戳等信息。

图 6-58　用开发人员工具查看 HTTP 请求内容

三、实验任务

1. 查看个人计算机常用的浏览器中收集了你的哪些个人信息与密码信息。
2. 访问北京物资学院慕课网站,并将其收藏在收藏夹中,利用收藏夹访问该网站。
3. 查看你的浏览器是否有迅雷下载、邮件附件上传工具等常见扩展。
4. 使用 Web 选择,复制北京物资学院慕课平台部分内容并保存在自己的计算机上。
5. 使用开发人员工具观察北京物资学院主页上的哪些图片下载比较耗时。

四、思考题

1. 如果你经常访问某些网站,若想快速地访问到这些网站你会怎样做?
2. 设置浏览器主页有哪些种方法?说明详细步骤。
3. 浏览器上有哪些按钮?解释这些按钮的作用。
4. 使用 InPrivate 窗口时,是否能看到浏览记录,关闭窗口后呢?

实验六　网络社交平台

一、实验目的

1. 学习使用微博微信等交流工具。
2. 了解常用社交网站及其功能。

计算机网络应用基础

二、案例

1. 使用微博

以使用新浪微博为例,介绍微博的使用方法。

(1) 开通微博。

登录微博(https://weibo.com/)网站,如图 6-59 所示。单击"立即注册"按钮,进入注册新浪微博页面,如图 6-60 所示,输入用户手机号码、账户密码、出生年月以及短信验证码,单击"立即注册"按钮,即可激活微博账号完成注册。

图 6-59　新浪微博主页

图 6-60　注册新浪微博

（2）设置微博。

激活账号后，新浪会给你推荐一些热门微博，你可以对感兴趣的微博"加关注"，也可以在新浪微博中寻找同学或朋友。接下来进入自己的微博页面，在自己的微博页面的"账号"中可以对页面的风格做进一步设置。

（3）发表微博。

登录新浪微博主页，单击"立即登录"按钮，扫描二维码或通过账户密码、手机验证码方式进行登录。登录成功后即可在首页文本框"有什么新鲜事想分享给大家"中输入博文，单击"发送"按钮可以发表微博，如图 6-61 所示。

图 6-61　发表微博

2. 注册微信订阅号

微信公众平台账号目前包括订阅号、服务号、企业微信及小程序四种类型，各类型账号基本功能各有不同，详细请查看微信公众平台相关文档，如图 6-62 所示，微信订阅号是目前应用最多的账号类型，适用于个人、媒体、企业、政府或其他组织，优点是每天可群发 1 次消息，部分支持每天群发多次消息，缺点就是部分接口权限较少。本案例选择对微信个人订阅号注册方式进行介绍，具体步骤如下。

（1）登录微信公众平台网站（https://mp.weixin.qq.com），如图 6-63 所示。单击"立即注册"，进入微信公众平台注册页面。

（2）微信订阅号属于微信公众平台账号的一种，可以进行文字、图片、语音、视频等多媒体内容的编辑与发布，可以与用户进行内容互动，是现代一种主流的营销方式。

单击"订阅号"按钮进行账号注册，如图 6-64 所示，填写邮箱、密码在内的基本信息后，单击"注册"按钮即可开始对微信订阅号的注册。

图 6-62　微信公众号示例

计算机网络应用基础

图 6-63　微信公众平台官网

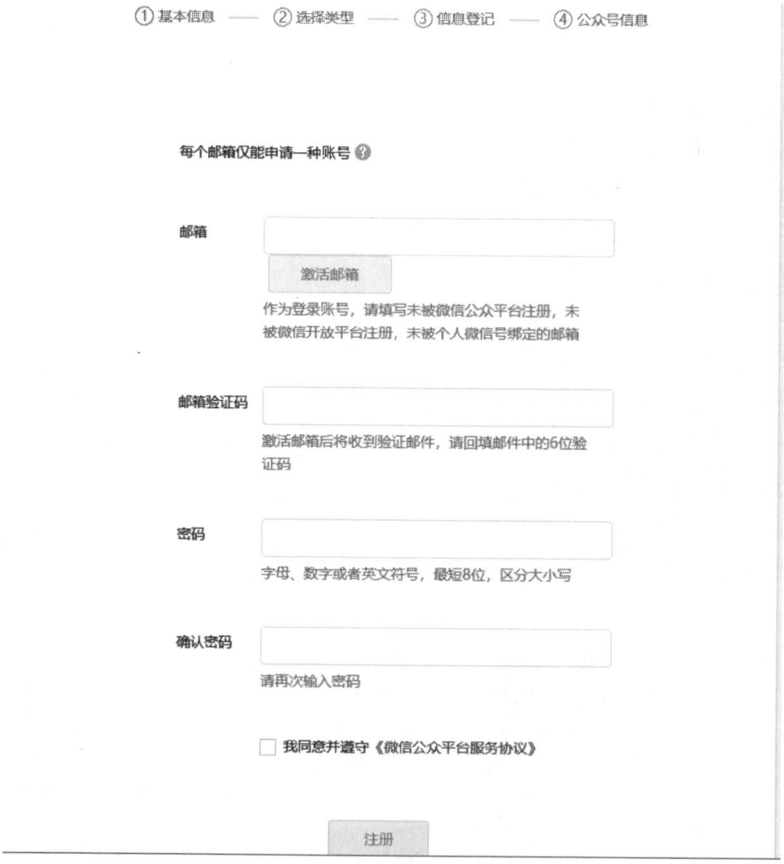

图 6-64　填写注册基本信息

（3）选择注册地,单击"确定"按钮后,再次确定注册账号类型,单击"订阅号"选择并继续,如图 6-65 所示。

图 6-65　选择注册类型

（4）选择订阅号主体类型,单击"个人"按钮,填写如图 6-66 所示的身份证姓名、身份证号码等信息,填写管理员手机号码与短信验证码。

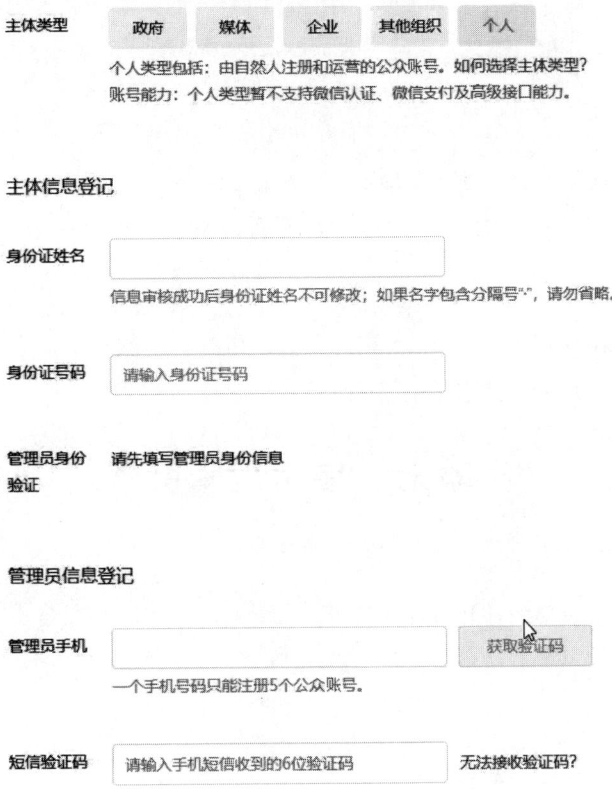

图 6-66　填写注册信息登记

计算机网络应用基础

（5）如图 6-67 所示,填写需要注册的微信订阅号账户名称,公众号功能介绍,公众号运营的内容类目及公众号运营的地区信息后,单击"完成"按钮即可完成微信订阅号注册。

图 6-67　填写注册公众号信息

三、实验任务

1. 在新浪网注册一个微博账户,并发表一条微博。
2. 关注北京物资学院的官方微信公众号,查看该微信公众号内容。

四、思考题

1. 新浪微博有什么特点?
2. 微博和微信公众号模式各有什么优缺点?

实验七　使用搜索引擎

一、实验目的

1. 学习百度搜索引擎的使用。
2. 了解百度搜索引擎的功能。

二、案例

1. 百度搜索引擎的基本使用

（1）登录百度主页。在浏览器地址栏输入百度网址：www.baidu.com,出现百度主页,如图 6-68 所示。

图 6-68　百度主页

（2）在百度搜索栏中输入要搜索的关键字，如"北京物资学院"，然后按 Enter 键或单击"百度一下"按钮，搜索结果就会出现在随后出现的页面中。如图 6-69 所示。输入的查询内容可以是一个词语、多个词语、一句话，但是百度搜索引擎严谨认真，要求"一字不差"。当用户分别输入"账号"和"帐号"会得到不同的结果，如图 6-70 所示。因此在搜索时，用户可以试用不同的词语。

图 6-69　搜索"北京物资学院"的结果

计算机网络应用基础

图 6-70　输入"账号"和"帐号"得到不同结果

2. 百度搜索技巧

百度搜索引擎支持在图形化页面进行高级搜索,支持关键词的基本逻辑连接,搜索指定站点、文件类型、时间范围等高级搜索功能。操作如下:选择"设置"→"高级搜索"命令,如图 6-71 所示。本案例将对高级搜索功能进行详细介绍。

图 6-71　图形化高级搜索窗口

(1) 输入多个词语搜索。

输入多个词语搜索,可以获得更精确的搜索结果。百度查询时不需要使用符号"AND"或"+",当关键词为多个空格隔开的词语时,百度会自动在这些词语之间加上"+"。如搜索"北京物资学院 图书馆",结果如图 6-72 所示。

(2) 减除无关资料。

有时候排除含有某些词语的资料有利于缩小查询范围。百度支持"一"功能,用于有目的地删除某些无关网页,但减号之前必须留一个空格。例如,要搜寻关于"北京物资学院",但不含"图书馆"的资料,可使用"北京物资学院-图书馆"查询,如图 6-73 所示。

(3) 并行搜索。

使用"A|B"来搜索"或者包含词语 A,或者包含词语 B"的网页。例如,如果要查询"笔记本"或"数码"相关资料,无须分两次查询,只要输入"笔记本|数码"搜索即可,如图 6-74 所示。

图 6-72　搜索"北京物资学院 图书馆"的结果

图 6-73　搜索"北京物资学院-图书馆"的结果

（4）精确匹配。

给关键词加上双引号，可以防止关键词被拆分，加了双引号的关键将会作为一个整体出现在搜索结果中。例如，输入"笔记本电脑"，"笔记本电脑"将作为一个整体词出现在搜索结果中，如图 6-75 所示。

计算机网络应用基础

图 6-74　搜索"笔记本|数码"的结果

图 6-75　搜索"'笔记本电脑'"的结果

（5）使用书名号。

书名号是百度独有的一个特殊查询语法。加上书名号的关键词,有两层特殊功能:一是书名号会出现在搜索结果中;二是被书名号扩起来的内容,不会被拆分。例如,查电影"手机",如果不加书名号,很多情况下搜索的是通信工具——手机,而加上书名号后,《手机》结果就都是关于电影方面的了,如图 6-76 所示。

图 6-76   搜索"《手机》"的相关结果

（6）相关检索。

如果无法确定输入什么关键词才能找到满意的资料,百度相关检索可以帮助我们找到相关搜索词。例如,输入"《手机》",百度搜索引擎就会在如图 6-77 所示的"相关搜索"中提供其他用户搜索过的相关搜索词作参考。单击任何一个相关搜索词,都能得到那个相关搜索词的搜索结果。

图 6-77   搜索"《手机》"的相关结果

（7）文件类型。

需要搜索特定文件类型时,可以使用文件类型"filetype:"检索。例如,需要搜索搜索引擎

计算机网络应用基础

相关书籍时,输入"搜索引擎 filetype:pdf",就可以获得 pdf 类型的搜索结果,如图 6-78 所示。

图 6-78　搜索 pdf 文件类型

(8) 在指定网站内搜索。

在一个网址前加"site:",可以限制只搜索某个具体网站、网站频道,或某域名内的网页。例如,输入"信息学院 site:www.bwu.edu.cn",表示在北京物资学院官网内搜索和"信息学院"相关的资料,搜索结果如图 6-79 所示。

图 6-79　在指定网站内搜索

(9) 相关网站。

当在某一网站没有搜索到想要的内容时,可以检索相关网站进行搜索。例如,查找北京物资学院官网相关网站时,输入"related:bwu.edu.cn",即可以获得与北京物资学院相关的网站信息,如图 6-80 所示。

图 6-80 搜索相关网站

3. 百度搜索的其他功能

输入关键词后单击"百度一下",默认是搜索与关键词相关的网页,若单击"新闻"后再单击"百度一下"则搜索与关键词相关的新闻。

若单击"贴吧"后再单击"百度一下"则搜索与关键词相关的贴吧。

若单击"知道"后再单击"百度一下"则搜索与关键词相关的问题与答案。

若单击"图片"后再单击"百度一下"则搜索与关键词相关的图片。

若单击"MP3"后再单击"百度一下"则搜索与关键词相关的 MP3 歌曲。

若单击"视频"后再单击"百度一下"则搜索与关键词相关的视频。

若单击"地图"后再单击"百度一下"则搜索与关键词相关的机构在地图中的位置。

若单击"百科"后再单击"百度一下"则搜索与关键词相关的知识介绍。

若单击"文库"后再单击"百度一下"则搜索与关键词相关文章。

三、实验任务

1. 用百度搜索一些关键词,利用搜索结果浏览网页。

2. 在搜索中使用各种符号,查看搜索结果,体会符号的作用。

3. 输入一个关键词,查看用百度的不同搜索功能(新闻、网页、贴吧、指导、百科、地图、图片、MP3 等)搜索到的结果。

4. 搜索浏览器相关图书信息。

5. 学习使用搜索功能组合高级搜索。

计算机网络应用基础

四、思考题

1. 在百度搜索引擎中可以使用哪些符号,这些符号的含义如何?
2. 百度搜索能搜索哪些内容?

实验八　文　献　检　索

一、实验目的

1. 掌握在科技文献数据库检索资料的方法。
2. 了解文献数据库网站的功能。

二、案例

利用文献数据库检索文献需要先在文献数据库的网站上注册,登录后才可使用。出于保护知识版权的原因,阅读或下载这些电子版图书需要支付一定的费用,因此用户要先在网站的充值中心充值,以后才可以下载阅读文献。目前中国高校及有些科研部门一般采用包库的方式购买特定学科的专题数据库供学校或部门内部使用,在高校内部网访问文献数据库网站不需要付费。

下面,以在中国知网(CNKI)检索资料为例,说明资料检索方法。

1. 检索文献

(1) 登录中国知网。

在浏览器地址栏中输入:http://www.cnki.net,进入中国知网主页,如图 6-81 所示。

图 6-81　中国知网(CNKI)主页

（2）输入检索控制条件和内容检索条件。

单击"学术期刊"链接，出现如图 6-82 所示的文献检索窗口。在"主题"中输入要检索的文献主题，如"区块链技术"。

图 6-82　文献检索窗口

（3）显示并下载检索结果。

单击"检索文献"按钮，检索结果以列表方式显示出来，如图 6-83 所示。单击图 6-82 的主题检索栏后面的"高级检索"，还可以设定"作者""期刊名""时间范围""来源类别"等检索条件。若想阅读文献内容，可以单击文献超链接，即出现文献内容简介，如图 6-84 所示。若想阅读文献全部内容就单击"CAJ 下载"或"PDF 下载"即可。

图 6-83　检索"区块链技术"的结果

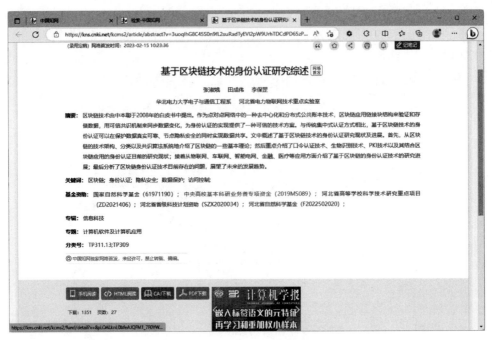

图 6-84　文献简介与下载界面

2. 检索专利

(1) 在如图 6-81 所示的中国知网(CNKI)主页中单击"专利",则出现专利库,如图 6-85 所示。

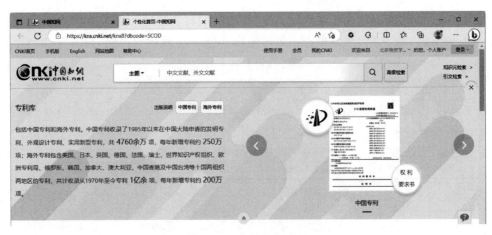

图 6-85　专利检索界面

(2) 在"主题"检索栏中输入"区块链技术",检索结果如图 6-86 所示。也可以在图 6-85 所示的主题检索栏中单击后面的"高级检索",设定"公开号""申请人""时间范围",在"匹配"中选择"精确"或"模糊"等检索条件。单击某个专利名称,可以查看专利的详情。

3. 检索科技成果

(1) 在图 6-81 所示的中国知网(CNKI)主页中单击"成果",出现《中国科技项目创新成果鉴定意见数据库(知网版)》,如图 6-87 所示。

图 6-86 专利检索结果

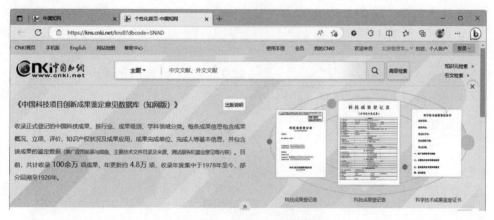

图 6-87 科技成果检索界面

（2）在主题检索栏中输入检索的内容，如"区块链技术"。也可以单击如图 6-87 所示的主题检索栏后面的"高级检索"，设定"成果名称""成果完成人""第一单位""成果应用行业""成果课题来源""时间范围"，在"匹配"中选择"精确"或"模糊"等检索条件。

（3）单击"检索"按钮，符合条件的科技成果将出现在如图 6-88 所示的列表中。单击某个成果名称，可以了解该成果的详细信息。

三、实验任务

1. 用中国知网检索与"新能源"有关的文章。

2. 用中国知网检索与"新能源"有关的专利。

3. 用中国知网检索与"新能源"有关的科技成果。

计算机网络应用基础

图 6-88 "区块链技术"科技成果检索结果

4. 登录维普资讯,重复上述检索。

5. 登录万方数据,重复上述检索。

四、思考题

1. 中国知网提供了哪些数据库?

2. 中国知网提供了哪些检索方式?

第7章 计算机信息安全

实 验 环 境

1. 中文 Windows 11 操作系统、IE 11 浏览器、Windows 任务管理器。
2. 360 杀毒 7.0 极速版。
3. 360 安全卫士正式版。

实验一　360 杀毒软件的使用

一、实验目的

1. 了解 360 杀毒软件。
2. 下载 360 杀毒 7.0 极速版。
3. 安装 360 杀毒 7.0 极速版。
4. 对 360 杀毒软件进行设置。
5. 使用 360 杀毒软件进行全盘杀毒。

二、案例

1. 360 杀毒软件简介

360 杀毒是 360 安全中心出品的一款免费的云安全杀毒软件。它创新性地整合了五大领先查杀引擎,包括国际知名的 BitDefender 病毒查杀引擎、Avira(小红伞)病毒查杀引擎、360 云查杀引擎、360 主动防御引擎以及 360 第二代 QVM 人工智能引擎。

2. 下载安装 360 杀毒

打开浏览器,在地址栏中输入网址"https://sd.360.cn/?comefrom＝newsem",进入 360 杀毒官方网站首页,如图 7-1 所示。单击 360 杀毒 7.0 极速版下的"下载",将安装文件保存到本地硬盘。

3. 安装 360 杀毒 7.0 极速版

(1) 双击 360sd_x64_std_7.0.0.1030 安装文件,打开 360 杀毒 7.0 极速版安装界面,如图 7-2 所示。选择安装路径,勾选"阅读并同意",单击"立即安装"按钮。

(2) 勾选"安装 360 安全卫士",单击"下一步"按钮,360 杀毒软件安装过程如图 7-3 所示。

(3) 等待软件安装完毕,进入 360 杀毒主界面,如图 7-4 所示。

4. 对 360 杀毒软件进行设置

(1) 在 360 杀毒主界面单击"设置"按钮,打开"设置"对话框,如图 7-5 所示。在"常规设

图 7-1   360 杀毒主页

图 7-2   360 安全卫士安装欢迎界面

图 7-3   360 杀毒安装

置"栏的"常规选项"中勾选"登录 Windows 后自动启动",如图 7-5 所示,保证操作系统能够受到杀毒软件保护。

(2)在"升级设置"栏的"自动升级设置"中选择"自动升级病毒特征库及程序",如图 7-6 所示,保证病毒库的随时更新。

图 7-4　360 杀毒主界面

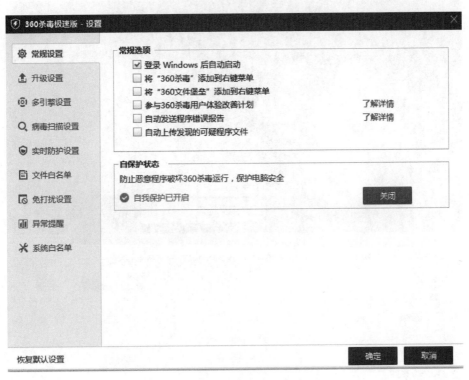

图 7-5　360 杀毒常规设置界面

5. 使用 360 杀毒软件进行全盘杀毒

　　在 360 杀毒主界面单击"全盘扫描",如图 7-7 所示。进入杀毒界面,如图 7-8 所示。等待扫描结果,如图 7-9 所示。根据扫描结果,选择"立即处理",完成存在异常项目的处理。

图 7-6　360 杀毒升级设置界面

图 7-7　选择 360 杀毒全盘扫描

三、实验任务

1. 下载 360 杀毒 7.0 极速版并进行安装。

2. 设置自动升级，开机自动启动。

3. 手工使用 360 杀毒进行全盘杀毒。

图 7-8　360 杀毒全盘扫描界面

图 7-9　360 杀毒扫描结果

四、思考题

1. 病毒库多长时间更新一次比较合适？
2. 还有哪些杀毒软件可以选择？

计算机信息安全

实验二　360 安全卫士的使用

一、实验目的

1. 了解 360 安全卫士。
2. 使用 360 安全卫士进行安全更新。
3. 使用 360 安全卫士进行木马查杀。
4. 使用 360 安全卫士清理插件。
5. 使用 360 安全卫士清理使用痕迹。
6. 使用 360 安全卫士查看网络连接。
7. 使用 360 安全卫士查看进程。

二、案例

1. 360 安全卫士简介

360 安全卫士是一款由奇虎 360 公司推出的功能强、效果好、受用户欢迎的安全杀毒软件。360 安全卫士拥有查杀木马、清理插件、修复漏洞、电脑体检、电脑救援、保护隐私、电脑专家、清理垃圾、清理痕迹多种功能,并具有"木马防火墙""360 密盘"等功能。依靠抢先侦测和云端鉴别,360 安全卫士可全面、智能地拦截各类木马,保护用户的账号、隐私等重要信息。

2. 使用 360 安全卫士进行安全更新

打开 360 安全卫士主界面,单击"系统安全",进入修复漏洞界面,如图 7-10 所示。360 安全卫士可以为系统修复高危漏洞,并进行功能性更新,扫描范围包括操作系统以及多种软件,如 Microsoft Office、Adobe Flash 等。程序自动扫描自动存在的漏洞,并列出需要更新的补丁。单击"一键修复"。

图 7-10　360 安全卫士修复漏洞界面

3. 使用360安全卫士进行木马查杀

（1）打开360安全卫士主界面，再单击"木马查杀"，进入木马查杀界面，如图7-11所示。

图 7-11　360 安全卫士查杀木马界面

（2）单击"快速查杀"，等待程序对系统进行扫描，如图7-12所示。

图 7-12　360 安全卫士木马扫描界面

（3）待扫描结果弹出后，勾选需要处理的内容，单击"立即处理"。如未发现木马病毒，则单击"完成"，如图7-13所示。处理完毕后重启系统完成修复。

图 7-13 360 安全卫士木马扫描结果

4. 使用 360 安全卫士清理插件

（1）打开 360 安全卫士主界面，单击"优化加速"，进入优化加速界面，如图 7-14 所示。单击"清理插件"，如图 7-15 所示。

图 7-14 360 安全卫士优化加速界面

（2）等待扫描完毕后，勾选需要清理的插件，单击"一键清理"，如图 7-16 所示。

5. 使用 360 安全卫士清理痕迹

打开 360 安全卫士主界面，单击"优化加速"，进入优化加速界面，如图 7-14 所示。单击"清理痕迹"，如图 7-17 所示。等待扫描完毕后，勾选需要清理的痕迹，单击"一键清理"。

6. 使用 360 安全卫士查看网络连接

打开 360 安全卫士主界面，单击"网络安全"，如图 7-18 所示。单击"流量防火墙"图标，如图 7-19 所示，可以查看到正在连接网络的程序。

图 7-15　360 安全卫士清理插件扫描界面

图 7-16　360 安全卫士插件扫描结果

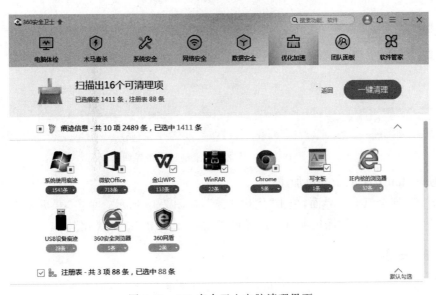

图 7-17　360 安全卫士电脑清理界面

图 7-18　360 安全卫士网络安全界面

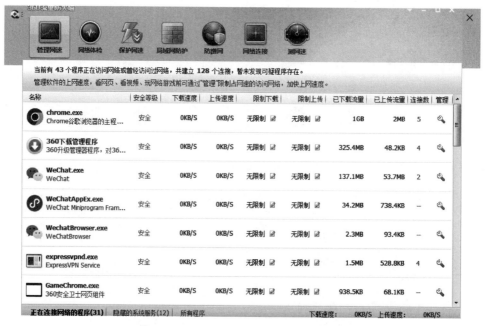

图 7-19　360 安全卫士流量防火墙界面

7. 使用 360 安全卫士开机加速

打开 360 安全卫士主界面,单击"优化加速",如图 7-14 所示。单击"开机加速"图标,如图 7-20 所示,可以扫描可优化项目。选择可优化项目,单击"立即优化"。

三、实验任务

1. 使用 360 安全卫士检查 Windows 及其他软件的漏洞并进行安全更新。

图 7-20　360 安全卫士开机加速扫描界面

2. 使用 360 安全卫士进行快速木马查杀。

3. 使用 360 安全卫士清理插件、上网痕迹。

4. 使用 360 安全卫士查看正在连接网络的程序。

四、思考题

1. 查杀病毒、木马、恶意软件使用 360 杀毒还是 360 安全卫士？

2. 360 杀毒与 360 安全卫士有何不同？

实验三　IE 浏览器的安全防护

一、实验目的

1. 了解 Cookie 的设置方法。

2. 掌握 IE 浏览器临时记录的清除方法。

3. 掌握 IE 浏览器的安全设置。

二、案例

1. Cookie 设置

打开 IE 浏览器，选择"工具"→"Internet 选项"命令，打开"Internet 属性"对话框，在"隐私"选项卡中调整"Internet 区域设置"，如图 7-21 所示。调整完毕后单击"确定"按钮。

2. 清除 IE 的临时记录

打开 IE 浏览器，选择"安全"→"删除浏览的历史记录"命令，打开"删除浏览的历史记录"对话框，勾选"Internet 临时文件""Cookie""历史记录""表单记录""密码"，如图 7-22 所示，单击"删除"按钮。

图 7-21　IE 浏览器隐私设置

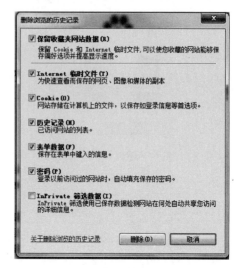

图 7-22　IE 浏览器删除历史记录界面

3. 自动完成设置

打开 IE 浏览器,选择"工具"→"Internet 选项"命令,打开"Internet 属性"对话框,在"内容"选项卡中"自动完成"部分单击"设置",如图 7-23 所示。不要勾选"表单上的用户名和密码",单击"删除自动完成历史记录",单击"确定"按钮完成设置。

4. 对 IE 浏览器进行安全设置

(1) 打开 IE 浏览器,选择"工具"→"Internet 选项"命令,打开"Internet 选项"对话框,在"安全"选项卡中选择"受信任的站点"→"站点"命令,如图 7-24 所示。检查网站列表中的网址,确信每一个网址都是可信的。若发现陌生网址,单击该网址后单击"删除"按钮。

(2) 在"安全"选项卡中单击"自定义级别"按钮,如图 7-25 所示,将"重置自定义设置"设置为"中-高(默认)",单击"重置"按钮。

5. 使用 IE 浏览器的"InPrivate 浏览"模式

如果担心上网后留下痕迹被利用,可以使用 IE 浏览器的"InPrivate 浏览"模式。该模式不会留下任何浏览痕迹,"InPrivate 浏览"可阻止 Internet Explorer 存储浏览会话的数据。这包括 Cookie、Internet 临时文件、历史记录以及其他数据。默认情况下将禁用工具栏和扩展。启动方法为右击 IE 浏览器图标,单击"开始 InPrivate 浏览",如图 7-26 所示。

三、实验任务

1. 将 Internet 区域设置调整为"中上",阻止没有经过默许的第一方 Cookie。

2. 清除 IE 浏览器的所有上网记录。

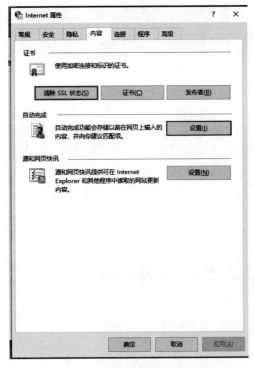
图 7-23　IE 浏览器内容选项卡

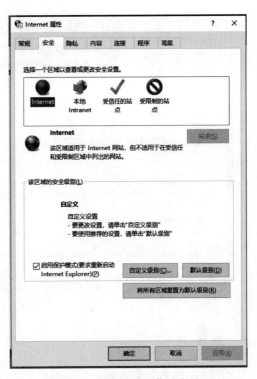
图 7-24　IE 浏览器可信站点界面

图 7-25　IE 浏览器安全设置-Internet 区域界面

3. 对 IE 浏览器进行安全性设置。

4. 使用 IE 浏览器的 InPrivate 模式进行一次网上购物。

第
7
章

计算机信息安全

图 7-26　IE 浏览器 InPrivate 浏览界面

四、思考题

1. IE 浏览器安全设置有何必要？

2. 如不进行 IE 浏览器安全设置会造成什么后果？

第8章

多媒体制作

实 验 环 境

1. 中文 Windows 11 操作系统。
2. Photoshop CS5 应用软件。
3. Adobe Audition V3.0 应用软件。
4. Camtasia Studio 8 应用软件。

实验一　使用 Photoshop 制作照片

一、实验目的

1. 了解 Photoshop CS6 软件。
2. 学会使用 Photoshop CS6 制作用于准考证上的证件照。

二、案例

1. Photoshop CS6 软件介绍

Photoshop 是 Adobe 公司旗下最为出名的图像处理软件之一，集图像扫描、编辑修改、图像制作、广告创意、图像输入与输出于一体，深受广大平面设计人员和电脑美术爱好者的喜爱。

Adobe 公司用于广告设计与制作的产品包括：Adobe Photoshop、Adobe Illustrator、Adobe PageMaker 和 Adobe Acrobat、Adobe FrameMaker 等软件，目前在报纸、杂志、书籍和 Web 上的大多数图像都是用一个或多个 Adobe 产品来设计和制作的。使用 Adobe 的软件，用户可以设计、出版和制作具有精彩视觉效果的图像和文件。

Adobe Photoshop CS6 是 Adobe Photoshop 的第 13 代，是一个较为重大的版本更新，该版本相比于前几代加入了 GPU OpenGL 加速、内容填充等新特性，加强了 3D 图像编辑功能，采用新的暗色调用户界面，其他改进还有整合 Adobe 云服务、改进文件搜索等。相比前几个版本，Photoshop CS6 不再支持 32 位的 macOS 平台，Mac 用户需要升级到 64 位环境。

2. 设置 Photoshop CS6 的相关参数

（1）运行 Photoshop CS6 软件，界面如图 8-1 所示。

（2）单击导航栏中的"编辑"按钮，然后选择"首选项"→"参考线、网格和切片"命令，设置"网格间隔"为 10，单位为"百分比"，"子网格"为 1，如图 8-2 所示，单击"确定"按钮。

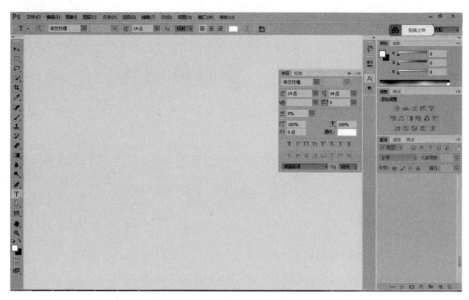

图 8-1　Photoshop CS6 运行界面

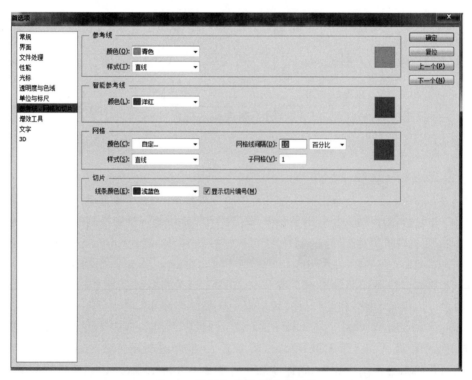

图 8-2　设置参考线、网格和切片

（3）单击导航栏中的"编辑"按钮，然后选择"首选项"→"单位和标尺"命令，设置"标尺"为"像素"，如图 8-3 所示，单击"确定"按钮。

3. 使用 Photoshop CS6 制作证件照

（1）参数设置完成后，打开准备好的证件照图片，如图 8-4 所示。

（2）单击导航栏中的"视图"按钮，然后选择"显示"→"网格"命令，界面随即出现网格。

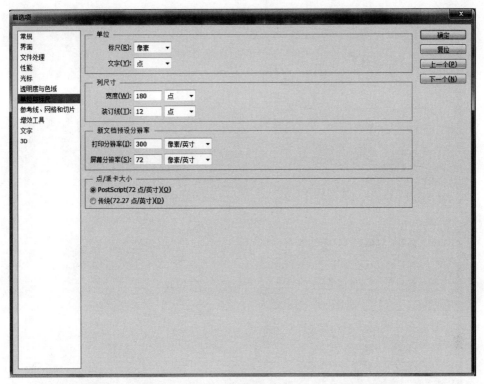

图 8-3　设置单位和标尺

图 8-4　打开证件照片

（3）单击导航栏中的"视图"按钮，选择"标尺"，界面出现标尺，如图 8-5 所示。

（4）选择左侧工具栏中的"剪裁"按钮，如图 8-6 所示。页面顶部出现"剪裁"工具栏，在工具栏中输入 1 寸照的标准宽度（高，413px；宽，295px），输入分辨率，如图 8-7 所示。

图 8-5　显示网格、显示标尺

图 8-6　选择剪裁按钮

图 8-7　设置剪裁参数

(5) 单击需要剪裁的图片,可以看到剪裁窗口出现固定的宽高比例,拖动剪裁区域至图片中心位置,如图 8-8 所示。

(6) 完成调整后,单击剪裁工具栏中的"√"按钮,如图 8-9 所示。

4. 保存新的证件照

(1) 单击导航栏中的"图像"按钮,选择"图像大小"命令,输入 1 英寸照的照片规格(宽,2.5cm;高,3.5cm),如图 8-10 所示,单击"确定"按钮。

(2) 单击导航栏中的"文件"按钮,选择"存储为"命令,在保存对话框中选择 JPEG 格式,如图 8-11 所示,重命名文件后,单击"保存"按钮,调整 JPEG 格式的品质,如图 8-12 所示,单击"确定"按钮。

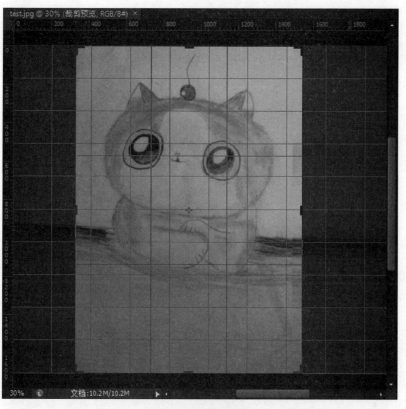

图 8-8　设置剪裁区域

图 8-9　完成剪裁

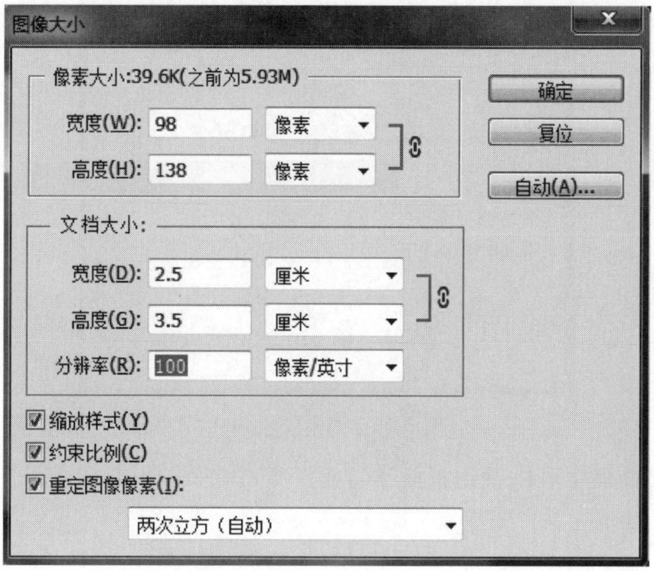

图 8-10　设置图片大小

图 8-11　保存图片为 JPEG 格式

图 8-12　调整图片品质

（3）在目标文件夹中可以看到新保存的证件照，如图 8-13 所示。

三、实验任务

1. 制作一张个人证件照。

2. 调整图片属性。

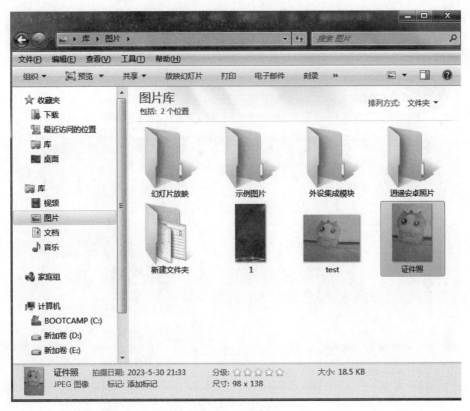

图 8-13　证件照

四、思考题

Photoshop CS6 与 ACDSee 在图片处理上有什么不同？

实验二　使用 Adobe Audition 制作音频

一、实验目的

1. 了解 Adobe Audition v3.0 软件。
2. 学会使用 Adobe Audition v3.0 录制音频。
3. 学会使用 Adobe Audition v3.0 为音频制作混音。
4. 学会使用 Adobe Audition v3.0 进行音频剪切。
5. 掌握使用 Adobe Audition v3.0 进行音频转码。

二、案例

1. Adobe Audition v3.0 软件介绍

Cool Edit Pro 是一款非常出色的数字音乐编辑器和 MP3 制作软件。由于出品 Cool Edit Pro 的 Syntrillium Software Corporation 公司被 Adobe 公司收购，著名的音频编辑软件 Cool Edit Pro 2.1 也随之改名为 Adobe Audition。Adobe 接手后对这个软件进行了较大升级,增加了一些功能。Audition 是可用于照相室、广播设备和后期制作设备方面工作的音频制作专业软件,可提供先进的音频混合、编辑、控制和效果处理功能。最多混合 128 个声道,可编辑单个音频文件,创建回路并可使用 45 种以上的数字信号处理效果。

2. 在 Adobe Audition v3.0 中添加音轨

(1) 启动 Adobe Audition v3.0,单击导航栏中的"文件"按钮,然后选择"导入"命令,在打开的"导入文件选择"对话框中选择要导入的文件,单击"打开"按钮,如图 8-14 所示。

图 8-14　导入文件

(2) 在左侧的导航栏中可以看到导入的文件,在"主群组"中的"音轨 1"位置右击,在弹出的菜单栏中选择导入的文件,添加至"音轨 1"中,如图 8-15 所示。

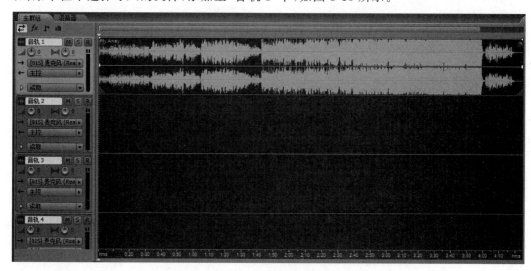

图 8-15　添加文件至音轨

图 8-16　切换工作环境

3. 使用 Adobe Audition v3.0 制作消音伴奏

(1) 单击工具栏中的"编辑"按钮,如图 8-16 所示,切换至单轨编辑环境中。

（2）在单轨环境中，单击导航栏中的"编辑"按钮，选择"选择整个波形"。选择"效果"选项卡，选择"立体声声像"中的"声道重混缩"选项，如图 8-17 所示。

（3）在"预计效果"中选择"Vocal Cut"，单击"播放/预览"按钮，可以听到消音过后的伴奏效果，拖动白色的箭头，可以即时预览调整后的伴奏效果，如图 8-18 所示。单击"确定"按钮，等待混缩完成。

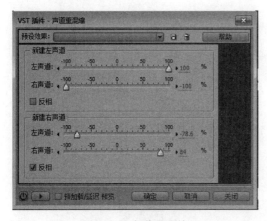

图 8-17　声道重混缩

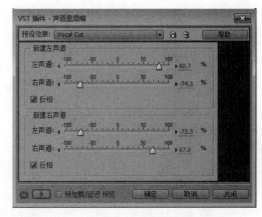

图 8-18　完成消音

（4）完成的消音如图 8-19 所示。

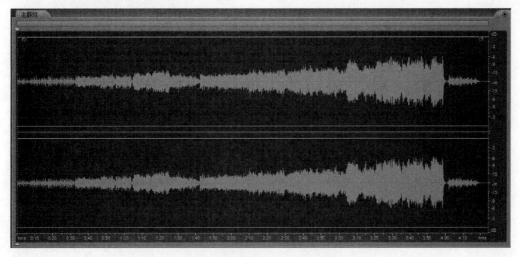

图 8-19　完成消音后的音轨情况

4. 使用 Adobe Audition v3.0 录制音乐

（1）单击工具栏中的"多轨"按钮，切换至多轨编辑环境中。确认音频硬件设置，如图 8-20 所示。

（2）在"音轨 2"中单击"录音备用"按钮，如图 8-21 所示。打开保存多轨会话的对话框，单击"保存"按钮后，"录音备用"的按钮变红，该音轨为录制音轨。

（3）单击左下角"传送器"中的"录音"按钮，如图 8-22 所示，开始用麦克风录制自己的音乐。录制完成后再次单击该按钮即可。

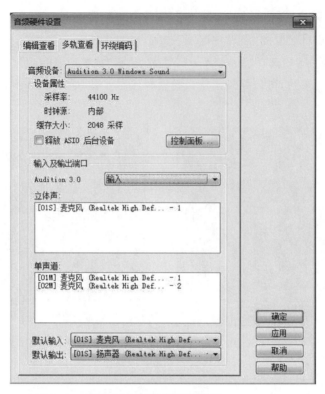

图 8-20　确认音频硬件

图 8-21　选择录制音轨

图 8-22　开始录音

（4）录制完成的音轨情况如图 8-23 所示。单击传送器中的播放按钮可以听到录制好的效果。

（5）单击导航栏中的"编辑"按钮，选择全选；再次单击"编辑"按钮，选择"合并到新音轨"→"所选范围的音频剪辑（立体声）"命令，生成混缩音轨，如图 8-24 所示。

5. 使用 Adobe Audition v3.0 为音轨降噪

（1）录制一段不含任何有用音频的环境噪音。

（2）单击该音轨，进入单轨工作环境。单击导航栏中的"效果"按钮，选择"修复"→"降噪器（进程）"命令，如图 8-25 所示。

图 8-23　录制完成

图 8-24　生成混缩音轨

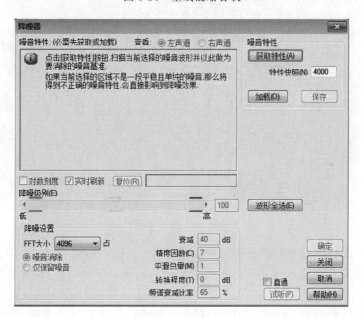

图 8-25　降噪器

（3）单击"获取特性"按钮，调整曲线位置，试听效果，如图 8-26 所示，单击"确定"按钮。

（4）重新选择用于录音的音轨（本例中是音轨 2），单击导航栏中的"效果"按钮，选择"修复"→"降噪器（进程）"命令，再单击"获取特性"按钮，如图 8-27 所示，调整好降噪效果后，单击"确定"按钮。

图 8-26　调整降噪效果

6. 使用 Adobe Audition v3.0 制作混音

（1）单击"音轨 3"，单击工具栏中的"编辑"

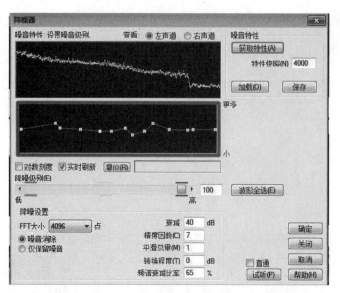

图 8-27　为录制的音轨降噪

按钮,切换至单轨工作环境,如图 8-28 所示。

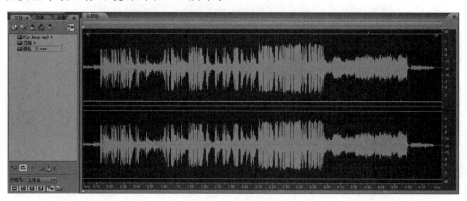

图 8-28　混缩音轨

(2) 单击导航栏中的"效果"按钮,选择"混响"→"完美混响"命令,如图 8-29 所示。在"预设效果"菜单栏中可以选择不同的混响效果,单击"预览"按钮可以试听效果,单击"确定"按钮,完成混音的制作。

(3) 单击导航栏中的"文件"按钮,选择"另存为"命令,在打开的保存对话框中更改文件名,更改文件格式为.mp3 类型,如图 8-30 所示,单击"保存"按钮。

7. 使用 Adobe Audition v3.0 剪切音乐

(1) 导入音乐文件,双击该文件,进入单轨工作模式。

(2) 把光标放置在两轨之间,按住鼠标左键,拖动光标,选中需要剪切的区域,如图 8-31所示。

(3) 在选择区域右击,在弹出的快捷菜单中选择"剪切"命令,该区域将从音轨中被删除;同一音轨可插入不同的音频,组合成新的音乐文件,如图 8-32 所示。

8. 转换音频文件为 mp3 格式

导入非.mp3 格式的文件。在单轨工作环境下,选择"文件"→"另存为"→"保存类型"

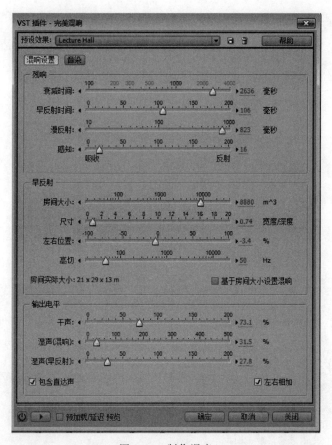

图 8-29　制作混音

图 8-30　保存

命令,选择"mp3PRO?(FHG)"类型文件,单击"选项"按钮,打开"MP3/mp3PRO?"编码器
选项对话框,如图 8-33 所示,选择相应的比率,如图 8-34 所示,单击"确定"按钮,生成. mp3
格式的文件。

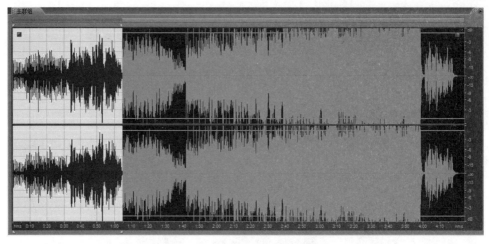

图 8-31　选择需要剪切的区域

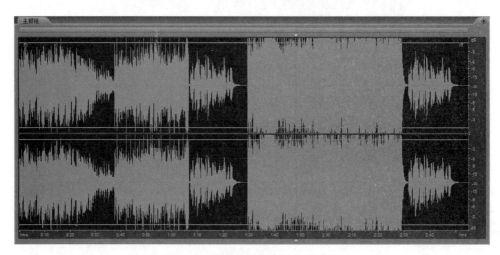

图 8-32　经过剪切粘贴后的新音轨

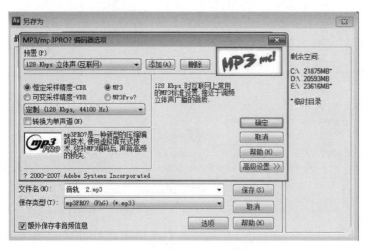

图 8-33　编码器选项对话框

图 8-34　比率选择

三、实验任务

1. 制作消音伴奏。
2. 录制歌曲。
3. 为歌曲制作混音效果。
4. 剪辑一段音乐。
5. 将非.mp3 格式的文件转换成.mp3 格式。

四、思考题

1. 为什么要为音轨进行降噪?
2. 采用多种方法试一试不同的混音效果。

实验三　使用 Camtasia Studio 制作视频

一、实验目的

1. 了解 Camtasia Studio 8 软件。
2. 了解如何使用 Camtasia Studio 8 屏幕录制。
3. 学会利用 Camtasia Studio 8 制作简单的视频特效。

二、案例

1. Camtasia Studio 8 软件介绍

Camtasia Studio 是专业的屏幕录像和视频编辑的软件套装。软件提供了强大的屏幕录像(Camtasia Recorder)、视频的剪辑和编辑(Camtasia Studio)、视频菜单制作(Camtasia MenuMaker)、视频剧场(Camtasia Theater)和视频播放功能(Camtasia Player)等。使用本套装软件,用户可以方便地进行屏幕操作的录制和配音、视频的剪辑和过场动画、添加说明字幕和水印、制作视频封面和菜单、视频压缩和播放。

2. 应用 Camtasia Studio 8 屏幕录制

(1) 运行 Camtasia Studio 8 软件,界面如图 8-35 所示。

(2) 单击工具栏中的"Record the screen"按钮,跳转至导入界面,如图 8-36 所示。

(3) 选择录制范围 Select area 为"Full screen",选择声音输入 Record input 为"Audio on",单击"rec"按钮,开始录制。

(4) 录制完成后,单击"Stop"按钮完成,如图 8-37 所示。单击"Save and Capture"按钮,将录制文件保存为.camrec 格式,主界面出现新的视频信息,如图 8-38 所示。

3. 删除视频片断

(1) 在视频编绰区域有两个轨迹 Track1 和 Track2,分别为音频和视频轨迹,如图 8-39 所示。

(2) 拖动滑块,选择要删除的视频片断,单击"Cut" [X] 图标,删除视频片断,如图 8-40 所示。

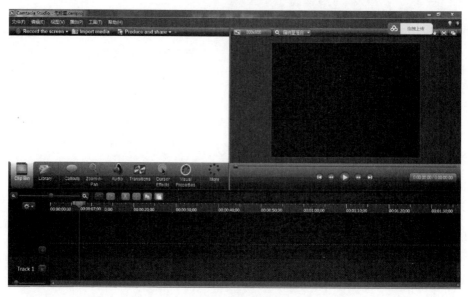

图 8-35　运行界面

图 8-36　录屏界面

图 8-37　录制结束按钮界面

4. 视频分割

拖动滑块,选择要分割的视频位置,单击"Split"■■图标,视频分割成两部分,如图 8-41 所示。

5. 为视频添加过渡效果

(1) 选择要添加过渡效果的视频片断,如图 8-42 所示。

(2) 选择左上侧工具栏中的"Transitions"按钮,显示可选择的过渡效果,如图 8-43 所示。

(3) 为视频添加过渡效果。对于视频来说,中间的过渡和结尾的闭幕尤为重要,因此选择"黑色淡入"作为开始和结束效果,中间过渡选择"折叠",将选中的效果拖动至视频相应位置中,如图 8-44 所示。

(4) 也可根据个人喜好,添加开场动态效果和中间过渡效果。

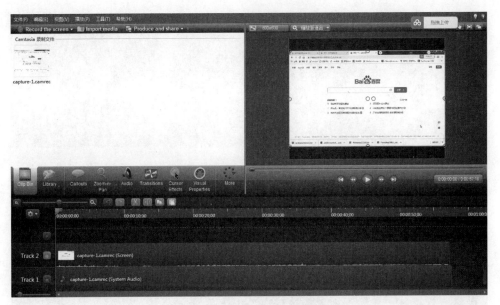

图 8-38　录制视频编辑界面

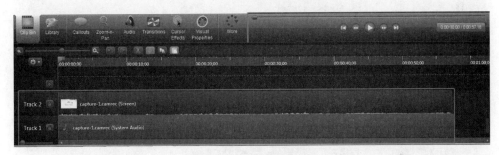

图 8-39　视频编缉区域

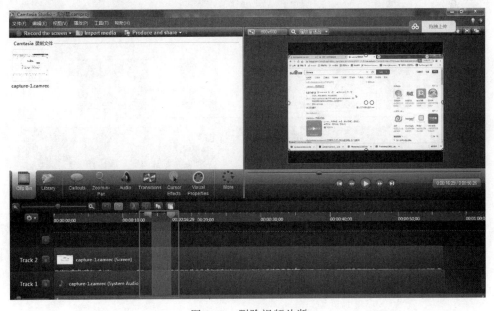

图 8-40　删除视频片断

多媒体制作

图 8-41　视频分割

图 8-42　选择要添加过渡效果的视频片断

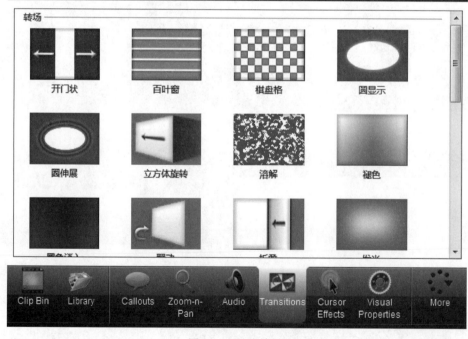

图 8-43　过渡效果

6. 音频编缉

（1）选择要编辑的视频片断，单击"Audio"按钮，左上角出现音频属性调整设置及按钮，如图 8-45 所示。

（2）选择第一段视频，单击"音量增大"按钮，增大第一段视频的音量，如图 8-46 所示。

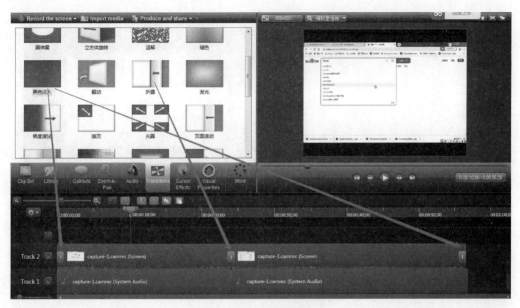

图 8-44　添加过渡效果

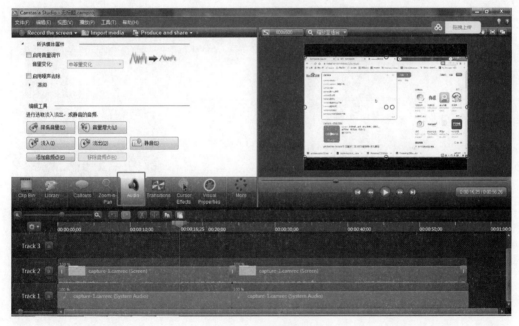

图 8-45　音频设置界面

7. 导出视频

（1）完成视频的制作后，单击"Produce and share"按钮，转到导出页面。选择"MP4 only（up to 720P）"，导出 MP4 文件，如果 8-47 所示。也可根据实际应用需要选择不同的导出类型。

（2）单击"下一步"按钮，命名项目名称及存储的文件夹，如图 8-48 所示。单击"完成"按钮。

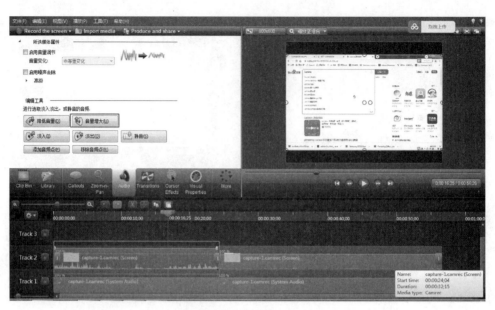

图 8-46　增大音量

图 8-47　导出视频

（3）生成视频文件，如图 8-49 所示。

（4）最后完成视频导出。

三、实验任务

1. 通过录屏方式，录制一段视频。

2. 为视频制作过渡效果。

3. 导出视频。

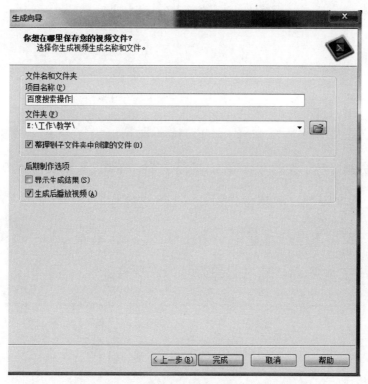

图 8-48　导出设置

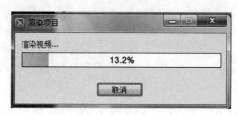

图 8-49　导出视频至文件过程

四、思考题

1. 为什么视频需要过渡画面？

2. 导出的文件属性的设置不同对视频有什么影响？

多媒体制作

图书资源支持

感谢您一直以来对清华版图书的支持和爱护。为了配合本书的使用，本书提供配套的资源，有需求的读者请扫描下方的"书圈"微信公众号二维码，在图书专区下载，也可以拨打电话或发送电子邮件咨询。

如果您在使用本书的过程中遇到了什么问题，或者有相关图书出版计划，也请您发邮件告诉我们，以便我们更好地为您服务。

我们的联系方式：

清华大学出版社计算机与信息分社网站：https://www.shuimushuhui.com/

地　　　址：北京市海淀区双清路学研大厦 A 座 714

邮　　　编：100084

电　　　话：010-83470236　010-83470237

客服邮箱：2301891038@qq.com

QQ：2301891038（请写明您的单位和姓名）

资源下载：关注公众号"书圈"下载配套资源。

资源下载、样书申请

书圈

图书案例

清华计算机学堂

观看课程直播